U0012431

藍學堂

學習・奇趣・輕鬆讀

How Successful People Think Workbook

全球暢銷經典

與成功連結

用思考打造勝利人生！
世界領導大師的11種高效思考練習

約翰·麥斯威爾——著
John C. Maxwell
何玉方——譯

衷心感謝

瑪格麗特·麥斯威爾（Margaret Maxwell）
每天都和我分享她的想法

查理·韋澤爾（Charlie Wetzel）
我的最佳寫手

史蒂芬妮·韋澤爾（Stephanie Wetzel）
協助完成本書

琳達·艾格斯（Linda Eggers）
打理我的生活

推薦序

成功者想的和你不一樣

齊立文 《經理人月刊》總編輯

先拋開你到底有沒有「想要成功」的念頭，也先別糾結於你對於「何謂成功」有不同於流俗的定義和見解，這本書的全部內容就是十一種思考方式，包括：宏觀、專注、創意、現實、戰略、可能性、反省、不從眾、共同、無私、謹守底限。

這十一個看似正面的詞，全做到了能不能、會不會成功，誰也不敢保證，但是換個角度想，同樣的十一個詞，前面全部加個「不」字，會不會讓人距離成功更遙遠了些？

因此，閱讀這本書時，如果想要深切掌握要旨、體會寓意，建議可以嘗試兩件事：

第一，把每個思考方式都反過來想。舉個例子，在談「可能性思考」時，與其著眼於鼓勵人們突破限制、大膽做夢，甚或玩弄把「impossible」這個英文字，轉換成「i'm possible」

的文字雞湯，是不是光想到身邊某個開口閉口就是不可能、不可以的人，更能夠讓你真實感受到可能性思考的重要性。

又比方說，雖然有現實感很重要，不至於讓你的創意想法天馬行空到變成空中樓閣，但是公司裡要是有成員每次都把「做好最壞打算」發揮到淋漓盡致，想事情的角度都很悲觀、很負面，不但讓激勵士氣變得很難，說不定還會拖垮團隊。

第二，這是一本關於思考的書，但更是一本關於行動的書，所以舉凡宏觀、專注、創意……不只是形容詞和名詞而已，還要都化為動詞。沒人會否認有寬闊的格局和視野很重要，難就難在要怎麼做到，而且要熟練到習慣成自然。

因此，這本書的特色，除了照例有作者約翰·麥斯威爾擅長的以故事、案例與名言佳句來闡釋觀念之外，最重要的是為每一個思考方式，都附上了行動計畫和練習課題，敦促讀者邊讀邊想，深化記憶，也促成行動。

思考方式無法窮盡，也沒有標準答案

每個人想事情的方式不同，書中列舉的十一個方法也絕非窮盡或標準答案，只能說是麥斯威爾從自己多年的著書、演講和教學經驗裡，以及與無數成功人士往來互動中，所歸納總結的一些心得。所以，在讀這本書的時候，章節順序倒不是很重要，跳著讀也無妨，反倒是如何跟著書裡提到的思考方式，逐步解凍自己的思維，活化自己的思路，會是最大的收穫。

我的建議是，第八章「質疑從眾思考」是較適當、切題的入口，因為要鍛鍊思考力，就是先從自己的「思想懶惰」著手。

文中提到科隆大學（University of Cologne）遺傳學系教授本諾．穆勒-希爾（Benno Müller-Hill）講的一個故事，令我印象深刻：某高中物理老師安裝了一台望遠鏡，讓四十個學生排隊觀察行星和衛星。在為第一位學生調整焦距後，學生稱自己看到了行星和衛星，之後每一位學生都如此。直到倒數第二個學生說，他什麼也看不見。「老師厭惡地自己上前透過望遠鏡看了看，然後抬起頭來，面帶奇怪的表情。望遠鏡的鏡頭蓋還蓋在上面，根本沒有任何學生能看得到什麼東西！」

多達三十八個學生，明明什麼都看不到，卻什麼也不說、不問、不質疑，我們（旁觀者）一定很納悶，但是我們一定也都要保持警惕，會不會自己也習於如此。

思考方式要多軌並進，才不會腦袋僵化

麥斯威爾在寫這本書時，針對每一個思考方式，也會進行交叉詰問和辯證。

像是在第四章談到現實思考時，他這樣寫道，「如果你剛剛讀完關於創意思考的內容，可能會覺得與本章的現實思考互相衝突。」在第六章探討可能性思考時，他則這樣提醒，「一些天生善於現實思考的人，會在可能性思考方面遇到困難。」

照著這樣的思路，可以想見，凡事都不要走到極端，自己心中要有一把尺，懂得拿捏分寸。假設你的現實思考力很強，但同時也不想因此扼殺了自己的創新突破力，麥斯威爾建議你，「對於思考最好的和最壞的情況給予同樣多的時間，這應該有助於防止你過於消極。」

讀麥斯威爾的書，很容易邊讀邊畫線，因為書中會引述許多名人的至理名言。我最喜歡德國政治家康拉德．艾德諾（Konrad Adenauer）說的：「我們都生活在同一片天空下，但並非每個人都有相同的視野。」還有美國作家亨利．大衛．梭羅（Henry David Thoreau）所言：「即使在視線範圍內，很多物體仍是我們看不見的，因為它們不在我們的認知範圍內。」

我們的視線有多寬廣，視野有多開闊，都取決於我們願意敞開心胸去學習，沉靜心靈去思考。

推薦序

未經思考的努力，不過是無效努力！

歐陽立中 暢銷作家／爆文教練

先跟你分享三個故事。

第一個是玩具品牌樂高的故事，他以積木擄獲大小玩家的心。但隨著電玩的興起，樂高營收下滑。一開始，樂高的策略是跟風，開發電玩搶進市場。但沒想到複雜的品項反而讓消費者無所適從，竟然銷量下滑，甚至瀕臨破產。最後樂高決定專注在他們的核心商品「積木」上，並將特殊零件數量縮減至五〇％，找回讓孩子發揮創意的初衷。說也奇怪，業績竟然開始起死回生。

第二個是流傳甚廣的寓言故事。有個人走在路上，看見一位砌磚工，便問他：「你在做什麼？」工人回：「我在砌磚。」他接著看到第二位砌磚工，問了同樣問題，工人回說：「我在砌一面牆。」最後他看到第三位砌磚工，還是問了同樣問題，沒想到這位工人興奮地說：「我在蓋一座雄偉的大教堂！」

第三個是我朋友陳建銘的故事，他是發明家，常盯著一樣東西不斷思考。有次他盯著鬧鐘，不斷想著：「很多人就算設鬧鐘，可鬧鐘響起他們就關掉繼續睡，有沒有什麼辦法讓他們願意起床？」有意思的是，他不是從「要改成什麼鈴聲」切入，而是從「要做什麼動作關閉鈴聲」去思考，最後發明了「會跑的鬧鐘」，榮獲國際大獎！

我知道你故事聽得很過癮，但你有沒有注意到，這三個故事都跟「成功思考」有關。說起成功，很多人第一印象就是要努力。但其實，如果沒有養成成功的思考方式，你的努力很可能是「無效努力」。

約翰．麥斯威爾的《與成功連結》，是我讀過「成功思考」類的書中最具體實際的一本。作者歸納成功者的十一種思考方式，包含宏觀、專注、創意、現實、戰略等，然後給你「實際案例」、「案例思考」、「明確方法」、「行動計畫」、以及「思考練習」。這樣的編排方式讓我很驚豔，因為他不像過往成功學的書，著重大量的成功故事，讀得你熱血沸騰，但闔上書之後，卻不知從何開始。

他更像是一本「成功學思考講義」！要你邊讀邊思考、思考完開始行動。所以如果可以的話，不要一口氣讀完這本書，放慢腳步，一個禮拜讀一章，然後確實按照書裡的思考方法，檢視自己的生活、計畫未來的行動。舉例來說，當我讀完〈練習無私思考〉這一章，我深深被這句話打動：「我們不能拿著火炬照亮別人的路而不照亮自己的。」也開始反思自己急於趕路時，是否忘記環顧四周拉別人一把。接著照著書裡教的「刻意投資他人」，我開始把適合的演講邀約轉介給朋友、轉分享朋友的好文，並邀請朋友合作。我不急著看見成果，但我確實感受到心靈的富足。

對了，讓我考考你，在讀完《與成功連結》之後，請問我文章開頭那三個故事，分別運用到書裡的哪三種思維呢？如果你一眼就看出來了，恭喜你！你真的開始與成功連結了！

—推薦序—

與成功有約

彭建文 品碩創新管理顧問執行長、
前台積電營運效率主管

「只要改變你的思考，就能改變你的人生。」不知道你相信這句話嗎？或者是，你曾經因為這句話，而信奉它成為你的人生座右銘嗎？而我非常相信，只要能夠改變你的思考，就能改變你的人生。

這讓我想起兩段小故事。

我在國中時期是一個不喜歡讀書的人，但由於讀了私立國中，課業方面老師盯得非常緊，不得不花時間去讀書。當時的我玩心還是很重，常常同學在自習的時候，我就會跟幾個同學跑出去教室外打籃球，記得有好幾次數學成績考得非常不好，就被數學老師叫去開導了一番。

老師說：「我覺得你是聰明的學生，但是比你聰明的人比你更努力，因此如果你要成績好，別人在玩你不能玩，你要更努力利用時間，如果你都把時間拿去玩了，怎麼可能成績會好呢？因此你必須比別人更努力，更要為難自己，更要付出很多的心力。」而這段話也改變了我，至少這三十年來我沒有辜負老師！

另外一個小故事是我進入台積電上班的時候，由於從事生產管理的工作，當產能不夠的時候，我們就要做一些投資規畫，看看要不要投資更多設備來滿足客戶的需求。

記得有一次跟主管在討論設備投資的時候，我發現當時的主管有一種宏觀的思考，他們不會只看當下的產能狀況，而是更需要我們提供更長遠的市場需求，給主管來做更多的判斷，畢竟一台設備都上億元。後來我們提供了很多資料，主管發現過一陣子的市場需求其實會下滑的，因此短暫的產能不夠，我們可以用一些提升工作效率的方法來滿足客戶，後來就沒有買機台。而事後證明，過了一段時間後市場需求真的下滑了一段時間，當時真的很佩服主管的決策能力。

在台積電工作的那段時期，我就深深覺得，只要能夠改變你的思考方式，就有機會不斷升遷，進而跟強者對齊。後來我離開公司後，成立自己的顧問公司，常常有機會認識更多的成功者，真的覺得這些成功者的思維跟一般人不一樣。我相信每一個人都希望跟成功連結，然後打造屬於自己的勝利的人生，而其中最關鍵的其實就是思考能力。

現在大家有福了，原來成功者的思考方式是可以學習的！

由世界級的領導大師麥斯威爾所著《與成功連結》這本書，就教我們十一種不同的思考方式，像成功人士一樣思考，並提出具體的行動計畫和練習，引領我們學會這些思考技能。而前面的兩個小故事，剛好可以對應到這本書所提的現實思考和宏觀思考。

我非常喜歡書中的架構，案例研究 × 生活應用 × 自我評估 × 行動計畫 × 日常練習，因此只要一步一步跟著指引思索，實際提筆記錄下來，就能開拓你的思維模式，成就更美好的未來。

我超級喜歡這本書，希望你也會喜歡，而樂於推薦給更多人。

與成功連結［全球暢銷經典］

目錄

前言

好的思考者總是很搶手。一個知道**如何**做事的人可能都不缺工作，但知道**為什麼**這麼做的人永遠會是他的老闆。善於思考的人會解決問題，從不缺乏建立組織的想法，總是對更美好的未來懷抱希望。好的思考者很少會發現自己受到無情之人的擺佈、利用或欺騙，正如納粹獨裁者希特勒曾誇耀說道：「能統治到不知獨立思考的人民，何其幸運。」培養出良好思考過程的人有能力自主自決——即使是在壓迫統治或其他困難環境之下。簡言之，優秀的思考者是成功的。

我研究成功人士已經四十多年了，雖然成功者形形色色、種類繁多，但我發現他們在思考方式這一方面都很相似！這是區分成功與不成功人士的唯一標準。好消息是：成功者的思考方式是可以學習的，只要改變你的思考，就能改變你的人生！

如何運用這本思考手冊

根據我的經驗，我最好的想法總是我隨手用筆（和黃色信箋簿）所記下的。寫下你的想法和結論可以鞏固它們，日後更有可能運用之。這本手冊不僅旨在教導思考技巧，更要進而練習這些技巧。有些問題需要時間，得經過深思熟慮才能回答，不要著急，而是要慢慢來，認真思索你的答案。如果沒有足夠的書寫空間，不妨建立一本「思考日記」，在那裡記錄下你的一切想法。本書其他章節包含行動步驟，同樣的，為了讓這本思考手冊的課程對你的生活產生最大影響，最好在繼續下一章之前實際應用你所學的知識。

為什麼你該改變思考方式

成為一名優秀思考者的好處之多，絕不誇張。好的思考方式可以為你做到很多的事情：創造收入、解決問題、創造機會，可以讓你在個人和專業層面提升至全新境界，真正改變你的人生。

以下是關於改變思考方式所需了解的一些事：

1. 改變思考方式不會自動發生

遺憾的是，思考方式的改變並不會憑空而來，好的想法很少會主動送上門，如果你想要得到好的想法，必須刻意尋找。你若想成為一名更優秀的思考者，需要努力去培養，一旦你開始變得更善於思考，好的想法就會不斷湧現。事實上，你在任何時候能發展出多少好的想法，主要取決於你目前已培養多少良好的思考方式。

你有多想改變？在你的生活中，接受改變的意願是否顯而易見？請列舉一些足以顯示你的開放心態、目前正在接受改變的地方。

---

2. 改變思考方式並不容易

當你聽到有人說「這只是不經思考從頭頂落下的東西」，你得到的只會是頭皮屑。會相信思考很容易的那些人，正是沒有思考習慣的人。諾貝爾獎得主物理學家愛因斯坦是有史以來最優秀的思想家之一，他斷言：「思考是艱難的工作。正因如此，很少有人習於思考。」因為思考是這麼的不容易，你得盡一切可能來幫助你改進思考過程。

你可曾和一個不會認真思考的人共事過？他們的決定和行動最終成效如何？假如他們改進了思維方式，會有什麼不同的結果呢？

3. 改變思考方式是值得投資的

作家拿破侖・希爾（Napoleon Hill）觀察到：「蘊藏在人類思想中的金礦，比地球所挖掘出來的全部金礦還要多。」當你花時間去學習如何改變自己的思維，成為一個更好的思考者時，就是投資在自己身上。金礦會淘空、股市會崩盤、房地產投資可能會出差錯，但是一個有良好思考能力的人就像一座取之不盡的鑽石礦，是無價的。

你想透過成為更好的思考者來實現什麼目標？你希望取得什麼成果？你的抱負是什麼？

如何成為更優秀的思考者

你想掌握好的思考過程嗎？你想要每天進步成為更好的思考者嗎？那麼，你需要持續不斷地改進你的思維方式。在你開始閱讀每一章的內容之前，我建議你執行下列事項：

1. 多多接觸良好的資訊

好的思考者總是為思想注入活力。他們會找一些事來啟動思考過程，因為接收的資訊總是會影響思考的結果。

閱讀書籍、評論商業雜誌、聆聽資訊或訪談內容。一旦碰上讓你感興趣的事情時——不管是別人的想法，還是個人發想的靈感——都要保留在自己眼前。把它用文字寫下來，放在你最喜歡思考的地方，以激發自己的想法。

2. 多多接觸優秀的思考者

花時間和合適的人在一起。我在撰寫這一部分時，從一些關鍵人物那裡徵詢意見（藉此擴展我的想法），我對自己有了一些體悟。我生活中所有認識的人，我的好朋友或同事，都是善於思考的人。如今，我愛所有的人，試著善待我所遇到的每一個人，希望透過研討會、書籍、課程等，盡可能為許多人增加價值。

然而，我真正會去尋找、願意花時間相處的，都是會用個人思考和行動來挑戰我、會不斷努力成長和學習的人。我的妻子瑪格麗特、我的好朋友，以及管理我公司的高層主管們，都是如此，他們每一位都是優秀的思考者！

箴言（Proverbs）的作者觀察到，敏銳的人互相磨礪，就像鐵磨礪鐵一樣。如果你想成為一個敏銳的思考者，就要和敏銳的人在一起。

你認識的人當中，和你關係密切、最善於思考的人是誰？是朋友、家人還是同事？和那個人聯絡，安排時間聚在一起。見面的時候，請教他是如何成為這麼優秀的思考者？有什麼建議可以讓你改進你的思考方式？

3. 選擇好的想法

要成為一個好的思考者，你必須刻意專注於思考過程，經常讓自己處於正確的情境去思考、形塑、延伸和沉澱你的想法。將之視為優先事項。切記，思考是一門紀律。

我問過Chickfil-A公司的總裁丹．凱西（Dan Cathy），他是否把思考時間視為重中之重，他不僅回答是，還告訴我他所謂的「思考時間表」（thinking schedule），使他不至於讓繁忙的生活步調阻礙了專注思考。丹說，他每兩週會空出半天、每個月空出一整天、每一年空出兩三天的時間專注思考。丹解釋：「因為我很容易分心，這麼做可以幫助我『專注在重要的事情上』。」

你或許可以嘗試類似的事，或是制定自己的時間表和方法。無論你選擇做什麼，都要去你的思考之地，帶上紙和筆，確保你將自己的想法以文字記錄下來。

4. 針對好的想法付諸行動

想法的保存期限很短，你必須在到期日之前採取行動。第一次世界大戰的飛行王牌艾迪．里肯巴克（Eddie Rickenbacker）都說了：「我可以給你成功的訣竅：把事情想清楚，然後堅持完成（Think things through — then follow through）。」

你最近有什麼好的想法，但沒時間落實嗎？別等了。想想你需要去做的第一件事，查看你的行事曆，然後安排時間去做。

5. 讓你的情緒創造其他正面想法

想要開始思考的過程，不能只靠自己的感覺。在《轉敗為勝》（*Failing Forward*）一書中，我寫到，早在你想要行動之前，就先採取行動培養動力，如果你要等到有意願做事的時候才行動，很可能永遠也成不了事。思考也是如此，你不能等到想要的時候才思考。我發現，一旦融入良好的思考過程中，就可以利用這種情緒來促進思考過程、創造精神動力。

你不妨親自試一試。在經歷了有紀律的思考過程、得到一些成果之後，讓自己細細品味這一刻，並試著駕馭那股成功的精神能量。如果你像我一樣，很可能會激發更多的想法和創意點子。

6. 重複此一過程

光靠一個好的想法並不能造就美好的人生。有一個好點子就想一輩子都靠它的那些人，最終下場往往是不快樂或一貧如洗的。他們是曇花一現的奇蹟、只出過一本書的作者、單一資訊的演說家、過時的發明家，一生都在努力保護或推廣他們唯一的想法。**成功是屬於那些擁有一整座金山可以不斷挖掘的人，而不是找到一個金塊就想靠它生活五十年的人**。要想成為一個能大量開採黃金的人，你需要不斷重複良好的思考過程。

想想你的日常生活。你什麼時候能夠安排固定的思考時間？

讓自己處於正確的思考情境

成為一個好的思考者並不會過於複雜，思考是一種紀律。如果你辦到了上述的六件事，將為自己建立一個更善於思考的生活方式。但是該怎麼做才能每天都提出具體的想法呢？

我想教你我用來挖掘和發展正面想法的過程。這當然不是唯一有效的方法，但對我來說效果很好。

1. 找個適當的思考之處

如果你去個人特定的地點想要好好思考，最終會得到一些想法的。哪裡是最佳思考場所呢？每個人各有所好。有些人在淋浴時得到最佳思考，有些人則喜歡去公園，比如我朋友迪克．比格斯（Dick Biggs）。

對我來說，最適合的思考地點是在我的車裡、飛機上和游泳池。我在其他地方也會得到靈感，比如在床上的時候（我會在床頭櫃放一個特殊的照明手寫板以備不時之需）。我相信正是因為我習慣經常去思考的地方，所以時常得到一些靈感。

如果你想要不斷地產生想法，就需要做同樣的事情。找一個你能思考的地方，準備好把你的想法寫在紙上，才不會稍縱即逝。當我找到一個地方靜心思考時，我的想法也在我心中找到了一席之地。

找出一個你可以經常方便出入的地方，做為你的思考地點。在該處準備好你在思考時所需的一切工具和資源。

2. 找個形塑想法之處

很少有想法是一出現就完全成形、完整制定的。大多時候都需要經過形塑，才會具體成形。正如我的朋友丹．雷蘭德（Dan Reiland）所言，想法必須「禁得起澄清和質疑的考驗」。在形塑的過程中，你要讓一個想法禁得起嚴格的審查。很多時候，深夜時看似絕妙的點子，在白天則顯得相當愚蠢。

針對你的想法提出問題，並進行微調。最好的方法之一就是把你的想法書寫下來。身為教授、大學校長、美國參議員的早川一會（S. I. Hayakawa）寫道：「**學習寫作就是學習思考**，除非你能以文字具體表達，否則你什麼都搞不清楚。」

你在形塑自己的想法時，才會發現一個想法是否具有潛力。你知道自己擁有什麼，也會對自己多一些了解。形塑思考讓我興奮不已，因為它體現了：

- **幽默**：起不了作用的想法通常會帶來喜劇效果。

- **謙卑**：我與上帝心靈相通的時刻，令我心存敬畏。
- **興奮**：我喜歡在心中深入思索（我稱之為「探索未來」的想法）。
- **創造力**：在這些時刻，我不受現實的阻礙。
- **滿足感**：上帝為這個過程創造了我；利用我最大的天賦，給了我快樂。
- **誠實**：當我在腦海中反覆思考一個想法時，我發掘自己的真正動機。
- **熱情**：在形塑一個想法時，會發現自己的真實信念、和真正重要之事。
- **改變**：我在人生中所做的大部分改變，都是對一個主題透徹思考的結果。

你幾乎可以在任何地方形塑你的想法。只要找一個適合你自己、方便書寫、又能夠專心不受打擾的地點，針對你的想法提出問題。

3. 找到擴展想法之處

如果你有一些很棒的想法，也花了時間在心中形塑這些想法，不要以為做到這一步就結束了。若你就此打住，就會錯過思考過程中最有價值的一些地方。你錯失了讓別人參與，把想法擴展到極致的機會。

在我人生早期階段，我必須承認自己經常犯這個錯誤。我想將初期衍生的一個想法變成解決方案，而沒有事先與任何人甚至是最有影響力的人分享。我在職場和家中都是如此。但是這些年來我領悟到一件事：三個臭皮匠，勝過一個諸葛亮。

我發現了一套可以幫助你擴展思考的公式，亦即：

合適的**想法**加上合適的**人**
在合適的**環境**和合適的**時間**
基於正確的**理由**＝得到正確的**結果**

這是一個無懈可擊的完美組合。像每個人一樣，每個想法都有潛力發展成偉大之事。當你找到能夠擴展想法之處，就會發現那股潛力。

找出你生活中的關鍵人物，與他們互動以拓展你的思維。有些人可能在生活各個層面都可以幫助你，而有些人只能在特定領域與你合作。

4. 找個落實想法之處

作家傑克遜（C. D. Jackson）說到：「偉大的想法需要飛馳，也需要降落。」任何一個只停留在思緒階段的想法，都不會產生巨大的影響。**當一個想法從抽象概念進入到應用時，才能發揮真正的力量**。想想愛因斯坦的相對論，他在一九〇五年和一九一六年發表他的理論時，還僅僅只是深刻的思想，真正的力量來自於一九四二年核反應爐和一九四五年核彈的發展。在科學家們研發、落實愛因斯坦的想法之後，全世界發生了巨變。

同樣的，如果你想讓自己的想法產生影響力，就需要讓別人理解你的想法，以便有一天想法得以落實。你在計畫思考過程的應用階段時，首先要傳承你的想法給：

- **你自己**：確實擔負起自己的想法，會為你帶來誠信。人們只有在信任傳遞想法的領導人之後，才會接受這個想法。在教授任何一堂課之前，我會問自己三個問題：我自己相信這個想法嗎？我有實踐這個想法嗎？我是否相信別人也該實踐這個想法呢？如果我不能對這三個問題給予「肯定」的答案，就等於想法還沒有真正傳承出去。
- **關鍵人物**：讓我們面對現實吧，如果有影響力的人不接受，任何想法都不會有發展機會。畢竟，他們是貫徹落實想法的人。

• **最受影響之人：**將想法傳承給站在最前線的人，會帶給你深刻的洞察力。因為新思想造成改變最受影響的那些人，可以提供「現實解讀」給你。這一點很重要，因為有時候即使你努力完成一連串過程：衍生想法、形塑思考、與其他善於思考的人一起擴展想法，你還是可能會錯失目標。

你最近對於如何改進某一件事有什麼想法嗎？在下表中寫下這個想法。

想法：

我相信這個想法嗎？

我有實踐這個想法嗎？

我是否相信別人也該實踐這個想法？

我需要誰來執行這個想法？誰是關鍵人物？

誰會是最受到這個想法影響之人？

5. 找個放飛你的思緒之處

一九二七年獲得諾貝爾文學獎的法國哲學家亨利・路易斯・柏格森（Henri-Louis Bergson）主張，一個人應該「**要像行動者那樣思考，要像思考者那樣行動**」。如果想法在現實生活中沒有應用，思考又有什麼用呢？缺乏行動的思考是不可能有成效的。學習如何掌握好思考的過程，會引導你進行有效的思考。如果你能養成良好的思考紀律，將之變成一輩子的習慣，那你一生都會很成功並富有成效。一旦你衍生一些想法，進而形塑、擴展並落實之，放飛思緒會變得很有趣也很容易。

說到產生想法和付諸實踐，哪一個才是你的強項？你必須做些什麼來改善兩者當中較弱的一環？

優秀思考者的寫照

你經常聽到有人說同事或朋友是個「優秀的思考者」，但這個描述對每個人都有不同的含義。有人可能認為這代表擁有高智商，也有人可能認為這代表知道一堆瑣事，或是在閱讀懸疑小說時能夠推測出「是誰幹的」。我相信好的思考不僅僅代表一件事，而是包含幾個具體的思考技巧。成為一個優秀的思考者，意味著要盡你所能發展這些技能。

無論你天生是富是窮，無論你是受過三流教育還是擁有博士學位，無論你是多重殘疾還是身體健康，都無所謂。不管你處於何種狀況，都可以學習成為一個好的思考者。你唯一需要做的事，就是願意每天投入思考過程。

詹姆・柯林斯（Jim Collins）和傑瑞・薄樂斯（Jerry Porras）在《基業長青》（*Built to Last*）一書中，描述美國高瞻遠矚的頂尖企業所代表的意義：

有遠見的公司就像一件偉大的藝術品。想想米開朗基羅在西斯汀教堂天花板上的創世記場景，或是他的大衛雕像；想想一部歷久不衰的經典小說，比如《頑童流浪記》（*Huckleberry Finn*）或《罪與罰》（*Crime and Punishment*）；想想貝多芬的第九號交響曲，或莎士比亞的《亨利五世》（*Henry V*）；想想一座設計精美的建築，比如法蘭克・洛伊・萊特（Frank Lloyd Wright）或路德維希・密斯・凡德羅（Ludwig Mies van der Rohe）的傑作。你無法指出任何單一項目使整件事成功；而是整個作品——所有細節共同營造出的整體效果——成就了歷久不衰的偉大。[1]

良好的思考也是如此。你需要所有「零碎」的思考，才能成為能夠成就偉業的人。這些零碎思考包括以下11種技巧：

1. 看到**宏觀思考**的智慧
2. 釋放**專注思考**的潛力
3. 發掘**創意思考**的樂趣
4. 認識**現實思考**的重要性
5. 釋放**戰略思考**的力量
6. 感受**可能性思考**的能量
7. 接受**反省思考**的教訓

8. 質疑**從眾思考**的盲從
9. 鼓勵**共同思考**的參與
10. 體驗**無私思考**的滿足感
11. 享受**底限思考**的回報

當你閱讀各種思考的相關章節，並回答所有問題時，你會發現我並沒有試著要告訴你該思考什麼，我的目標是教你如何思考。當你熟悉每一項技巧時，你會發現有些你做得很好，有些你做得不好。學會發展各種思考技巧，你就會成為更善於思考的人。掌握你的一切所能，包括有助於彌補自身弱點的共同思考過程，你的人生就會改變。

你是哪種類型的思考者？

在你覺得最能描述自己的單字旁邊寫上加號，在最不符合自己的單字旁邊寫上減號。盡可能誠實面對自己。

□大公無私Altruistic（10）　□慷慨大方Generous（10）　□沉思Pensive（7）
□平易近人Approachable（9）　□目標導向Goal oriented（2）　□規畫者Planner（5）
□愛好藝術Artistic（3）　□創新Innovative（8）　□務實Practical（4）
□集思廣益Brainstormer（3）　□追根究柢Inquisitive（6）　□嚴謹克制Restrained（4）
□心胸開闊Broad-minded（1）　□刻意Intentional（2）　□注重結果Results oriented（11）
□謹慎小心Cautious（7）　□極簡主義Minimalistic（11）　□風險規避Risk averse（4）
□協同合作Collaborative（9）　□觀察者Observant（7）　□有選擇性Selective（2）
□直率Direct（11）　□樂觀Optimistic（6）　□有組織的Structured（5）
□爽朗熱情Expansive（1）　□有條有理Organized（5）　□體貼周到Thoughtful（10）
□實驗精神Experimental（8）　□具創造性Original（8）　□寬容精神Tolerant（1）
□外向性格Extrovert（9）　□不受局限Out of the box（3）　□有遠見的Visionary（6）

檢視形容詞旁邊的數字，這些數字對應本書中不同類型的思考和章節編號。如果你在數字3得到許多加號，你可能是一位很有創意的思考者。如果你在數字5得到許多減號，不妨在第5章多下一點功夫，以提高你的戰略思考。如果你在某個數字旁邊既沒有加號、也沒有減號，那麼這些數字就代表你可能覺得自己表現平平、有待改進的領域。即使是你很強大的領域，還是可以透過這些章節變得更加精進。

1：宏觀思考者 Big-Picture Thinker
2：專注思考者 Focused Thinker
3：創意思考者 Creative Thinker
4：現實思考者 Realistic Thinker
5：戰略思考者 Strategic Thinker
6：可能性思考者 Possibility Thinker
7：反省思考者 Reflective Thinker
8：反從眾思考者 Unpopular Thinker
9：共同思考者 Shared Thinker
10：無私思考者 Unselfish Thinker
11：底限思考者 Bottom-Line Thinker

成功思考問題討論

1. 你如何描述或定義一個好的思考者？
2. 請列舉一些歷史上你最喜歡的思想家。他們什麼地方讓你欽佩不已？
3. 在你的領域，誰是最好的思考者？請說明。你的領域中是否大多數人都同意你的評估？如果不是，為什麼你認為這個人是最好的思考者呢？
4. 在你個人的教育經歷中，你的老師及其教學方法是否高度重視思考能力？
5. 你如何定義成功？
6. 論及成功時，好的思考是如何發揮作用的？
7. 你是否同意大多數成功人士都傾向於以同樣的方式思考？為什麼？
8. 讀完本書之後，你希望獲得什麼？你在哪些方面持懷疑態度？你要怎麼樣才會接受良好的思考，提高你的成功機會？

01

培養宏觀思考

就成功而言，不是以人的身高、體重、
大學學位或家庭背景來衡量的，而是看其思維宏觀與否。
——大衛．施瓦茲（David Schwartz，美國作曲家）

作家亨利．大衛．梭羅（Henry David Thoreau）寫道：「即使在**視線**範圍內，很多物體仍然是我們看不見的，因為它們並不在我們的**認知**範圍內。」（我的強調重點）人類習慣於先看到自己的世界，然而，宏觀思考者意識到除了本身世界之外，還有一個世界，他們會努力超越自己，透過個人觀察看到別人的世界。當你受限於框架時，很難看到全貌。

法國散文家米歇爾．艾肯．德．蒙田（Michel Eyquem de Montaigne）寫道：「生命的價值不在於壽命的長短，而在於我們如何利用；一個人可能活得很長久，但人生並不精彩。」成為一個宏觀思考者可以幫助你擁有完整、充實的人生。看到宏觀大局的人，由於開拓了自己的世界，因而擴展了個人經驗，因此，比起視野狹窄的人，他們更能有所成就。在任何特定情況下，他們更容易看清許多牽涉到的因素：問題、人、關係、時機和價值觀，因此所經歷的意外也會更少。他們通常也會對別人及其思想更為寬容。

宏觀思考的案例研究

一位埃及圖書管理員聽說，在一年中日照最長的一天，在賽伊尼鎮（Syene）的一口井底可以看到太陽倒影。他是一位宏觀思考者，此事因而引發他的思索。他推測，如果太陽在井底出現倒影，必然是位在正上方。如果太陽在正上方直射，直立柱或標竿就不會出現陰影。然而，在一年中日照最長的一天，他觀察到在他居住的亞歷山卓城（Alexandria），直立的圓柱確實出現陰影。

他決定親自走八百公里去賽伊尼鎮，想驗證他所聽到的傳聞是真的。在一年中日照最長的一天，他朝井裡望去，看到了太陽的倒影。果然，正午時分，賽伊尼鎮的柱子沒有出現陰影。他反思此事，開始對這些看似毫無關聯的重要事實有了更宏觀的了解。令人驚訝的是，這幾乎與當時所有人的信念背道而馳。要知道，這位圖書管理員的名字叫埃拉托斯特尼斯

（Eratosthenes），生活在兩千兩百多年前。

身為世界上最大的圖書館館長（據說埃及亞歷山卓圖書館擁有數十萬卷藏書），埃拉托斯特尼斯處於當代的世界知識之都。在西元前三世紀，幾乎所有在亞歷山卓城和世界各地的學者都相信地球是平的。然而，埃拉托斯特尼斯推斷，如果地球是平的，在太陽光直射下，亞歷山卓城和賽伊尼鎮都不會出現陰影。如果一個地方有陰影，而另一個地方沒有，那就只有一種合乎邏輯的解釋，地球表面必然是彎曲的，換句話說，世界必定是一個球體。

那是一次令人印象深刻的思想飛躍，儘管如今看來這是完全合乎邏輯的，畢竟我們已經看到了太空中地球的照片。但埃拉托斯特尼斯透過日常事實並將之組合在一起，實現了這種宏觀的聯想。

令人印象深刻的是，他更進一步實際計算了地球的大小！他利用基本的三角學測量，計算出陰影的角度大約是7.12度，約莫是一個圓的五十分之一。他推斷，若賽伊尼鎮（現代的亞斯文Aswan）和亞歷山卓城之間的距離是八百公里，那麼地球的圓周必定在四萬公里左右（50 × 800公里），他並沒有偏離太遠；地球經過兩極的確切圓周是40,008公里。在什麼都沒有的情況下，憑著自己的頭腦和宏觀思考想出這一點，真是不簡單！

宏觀思考的案例應用

在埃拉托斯特尼斯的行動中，你會發現幾世紀之後德國政治家康拉德．艾德諾（Konrad Adenauer）所言不虛：「我們都生活在同一片天空下，但並非每個人都有相同的視野。」在你思考亞歷山卓城圖書管理員的故事之後，回答以下問題：

1. 你認為埃拉托斯特尼斯為什麼能夠做出這樣的聯想，而其他人卻沒想到呢？你認為宏觀思考者通常具備什麼特質？請在此列舉。

2. 在你認識的人當中，誰是宏觀思考者的最佳例證？這個人採取什麼行動來培養宏觀思考？你認為他或她的能力是基於經驗、視野、教育程度、訓練、性情，還是有其他的因素呢？

3. 你認識的宏觀思考者和埃拉托斯特尼斯之間，是否看到任何相似之處？請說明。

4. 在你認識的人當中，誰似乎無法進行宏觀思考？那個人有什麼背景、教育程度、訓練、和性情？如果要你將此人與你所認識的宏觀思考者之間比較，你會如何描述兩者的差異？從兩者之間的對比中，你學到了什麼？

宏觀思考如何使你更加成功

人生中最成功的人專注於發揮自己的優勢，當中許多人的天賦能力都相當狹隘，然而，很少有成功人士缺乏綜觀全局的能力。一個沒有遠見的人要想成功是很困難的，因為要做出良好決策，需要看得更全面。此外，宏觀思考的能力也有幾個具體的好處：

1. 宏觀思考使你具有領導力

你會發現有許多不是領導者的宏觀思考者，但是卻很少有領導者不是宏觀思考者。領導者必須能夠為下屬做許多重要的事情：

- **比下屬先看到願景**，也看得更多，這使他們能夠……
- **觀察情勢，考量許多變數**。綜觀全局的領導者能看出可能性和問題所在，並為建立願景奠定基礎。一旦領導人做到了這一點，就可以……
- **規畫團隊的發展方向，包括任何潛在的挑戰或障礙**。領導者的目標不該僅只是讓下屬感覺良好，而是要幫助他們做好事，實現夢想。準確呈現此一願景將使領導人能夠……

- **展示未來與過去之間的關聯，讓發展歷程更具意義**。當領導者意識到此關聯的必要性、並建立連接時，他們就能夠……
- **掌握正確時機**。在領導力方面，你的行動時機和行動內容同樣重要。正如邱吉爾所言：「每個人的生命中都有個特別寶貴的時刻，也就是出生的瞬間……當他把握住……就是他最美好的一刻。」

一個總是綜觀全局的領導者，在任何努力中都最有可能取得成功。

在組織願景這一方面，你通常屬於哪種人？

□有遠見的人——有意識或發展組織願景的人
□願景傳遞者——協助傳達組織願景的人
□早期採納者——立即全心接受組織願景的人
□中期採納者——需要時間了解之後，才能接受此一願景的人
□後期採納者——需要看到有效證明，才能接受此一願景的人
□批評者——寧願對抗也不願遵從的人

如果你是屬於中期採納者、晚期採納者、或批評者，便需要培養綜觀全局的思考能力。

2. 宏觀思考使你切中目標

英國查理二世的牧師湯瑪斯・富勒（Thomas Fuller）觀察說道：「事事插手的人終究一事無成。」要想完成事情，你需要保持專注。然而，要想完成正確的事情，還需要綜觀全局，只有**把你的日常活動放在宏觀的脈絡下，才能保持目標**。正如思想家艾文・托夫勒（Alvin Toffler）所言，「你在做小事的時候，心裡必須想著大事，如此一來，所有小事都會朝著正確方向發展。」

在生活中，你採取什麼方法讓自己集中注意力？是否有固定的檢驗標準或參考點，讓你可以確保自己在做正確之事，而不再瞎忙於不重要的活動？

有些人會用核心價值、使命宣言、一套目標、或一幅藍圖來幫助他們記住重要大局。你用什麼呢？

3. 宏觀思考能使你明白別人的看法

在人際關係中，你能培養最重要的技能之一，就是從別人的角度看事情。不管是與客戶合作、滿足客戶、維持婚姻、教養子女、幫助那些不幸的人等，這是重要關鍵之一。所有人際互動都是透過能夠設身處地為他人著想而增強的。

你有多麼善於從別人的角度看事情？

請在1到10的範圍內為自己評分。

1 2 3 4 5 6 7 8 9 10

現在請三位值得信任的朋友、家人或同事，同樣在1到10的範圍內為你評分。

姓名	評分
	1 2 3 4 5 6 7 8 9 10
	1 2 3 4 5 6 7 8 9 10
	1 2 3 4 5 6 7 8 9 10

如果他們的評分與你的相差超過一分以上，那麼你的自我認知有些偏離。如果你的分數低於六分，這會是你需要努力改進的地方。

4. 宏觀思考促進團隊合作

如果你參與任何形式的團隊活動，你就會知道要團隊成員了解全局，而非僅只關注自己的部分，有多麼重要。當一個人不知道自己與隊友的工作如何配合時，整個團隊就陷入了困境。團隊成員對於大局掌握得越好，團隊合作的潛力就越大。

在你的職業中，你的工作任務如何順應組織的更大目標？又是如何適應你所屬的行業？為什麼其他參與這個過程的人也很重要？（如果你無法描述他們的重要性——或更糟糕的是，你看不出他們的重要性——那麼缺乏宏觀思考將會限制你的職業發展。）

5. 宏觀思考能使你免於世俗牽絆

讓我們面對現實吧：日常生活的某些方面是絕對必要，但卻非常無趣。宏觀思考者不會受到繁重工作的影響，因為他們不會忽視全貌，深知忘記終極目標的人都會受到當下宰制。

你必須完成的平凡瑣事讓你沮喪嗎？你該如何利用宏觀思考和目標或使命感，讓你不再感到灰心氣餒呢？

6. 宏觀思考引導你進入未知領域

「船到橋頭自然直」，這句話無疑是由一個很難看清大局的人所創造的。世界是由早在別人之前就在腦海中「跨越橋樑」的那些人所建立的。開闢新天地或進入未知領域的唯一方法，就是超越眼前，看到全局。

你會花多少時間思考未來的目標、創新的點子、改進組織等等？你認為那是你的責任，還是會讓別人去承擔這個任務？為什麼？你如何運用宏觀思考來幫助你開拓新領域？

如果你變得更善於宏觀思考呢？

只有在承認自己需要改進的領域，我們才有辦法改變、成長和進步。針對宏觀思考能力，非常誠實地自我評估，在這方面你需要改進哪些地方？如果你能夠進行綜觀全局的思考，你的人生會有什麼變化？對於你的職業生涯、人際關係、經濟、精神，會造成什麼影響？不妨花一點時間反思，並在此記錄下你的想法。

如何成為宏觀思考者

如果你想抓住新的機會，開拓新的視野，就需要增加宏觀思考的能力。欠缺這種能力的人是不會成功的。要成為一個善於思考、更能綜觀全局的人，請記住下列幾點：

1. 不要一味追求確定性

宏觀思考者安於模棱兩可的狀態，不會試圖把每個觀察結果或數據強加於預設的想法。

他們的思考廣泛，能在腦海裡處理許多看似矛盾的想法。如果你想培養宏觀思考的能力，就必須習慣於接受和處理複雜、多元的想法。

2. 從每一次經驗中學習

宏觀思考者透過努力從每一次經歷中學習，以開闊他們的視野。他們並不倚仗自己的成功，而是從中學習。更重要的是，他們會從失敗中汲取教訓，之所以能做到這一點，是因為一直保持虛心學習。

各種不同的經歷，不管是正面或負面的，都能幫助你看清全貌。你擁有的經驗和成功越多，學習的潛力就越大。如果你想成為一個宏觀思考者，那麼就走出去、嘗試許多事情、把握許多機會，在每次勝利或失敗之後花時間從中學習。

3. 從各種不同的人身上獲得洞察力

宏觀思考者從個人的經驗中汲取教訓，但也能夠從自己沒有的經歷中學習。也就是說，他們會在其他人身上獲得學習的洞察力，如客戶、員工、同事和領導者。

如果你想拓寬思路，看到更廣闊的格局，就去尋找心靈導師和顧問來幫助你，但要明智選擇你諮詢的對象。從各種不同的人那裡獲得洞察力，並不代表在走廊上和雜貨店排隊時，隨便抓個人詢問他們對某一特定主題的看法，可以選擇那些認識和關心你的人、了解自身領域的人，以及能帶給你更深刻、廣泛經驗的人。

4. 主動擴展個人世界觀

如果想成為一個宏觀思考者，你就必須與世界潮流背道而馳。社會希望規範人民，大多數人的心裡都是安於現狀的，他們想要依附過去，而不是未來的可能性。他們尋求安全又簡單的答案。要想綜觀全局思考，你需要允許自己走不同的路、開拓新天地、發掘和征服新的世界。當你的世界變得更寬廣的時候，你需要慶祝。永遠不要忘記，世界上還有更多東西超越你所經歷的。

不斷學習、不斷成長、不斷綜觀全局！如果你想成為一位優秀的思考者，就必須這麼做。

宏觀思考者行動計畫

1. 重新審視願景：好的宏觀思考者很少會忽視願景和整體格局，因此他們不會過度拘泥於細節或次要問題。所以，花點時間釐清你的職責範圍、你的組織以及所屬行業或領域的願景，也花點時間闡明你對生活和家庭的看法。如果你過去曾花時間找出這些答案，那就重新審視它們，深刻反思，並以文字記錄下來。把書面的願景或象徵之事，放在你每天都能看到的地方，就不會忘記。如果你從未釐清過這些問題，那就花時間去發掘和闡述，然後將之放在眼前。

2. 拓展你的經驗：宏觀思考者吸取不同領域的知識並發揮作用。你如何才能拓寬個人視野？選擇一件今年要學習的東西，能讓你走出舒適圈，並帶給你前所未有的體驗。如果事實證明這是你真正享受並從中獲益之事，一年之後不妨繼續下去。如果不是，那就再選一件新事物學習一年。十年後，你將擁有廣泛的經驗和觀點，為你添加價值。

3. 從他人那裡獲得洞察力：在你的領域中找一位經驗和智慧超過你的導師，並請求定期與之會面。無論會面時間長短，都要花三到五倍的時間預先準備。換言之，如果會面一個小時，不妨花三到五個小時做準備：事先研究，了解對方的長處，仔細思考要提出什麼問題等等。會面之後，制定一個行動計畫，落實你所學到的東西。此外，下次見面時，務必說明你如何應用上次會面所吸收的內容。

4. **整合你的世界各個部分**：大多數行業或專業領域需要不同的技能、部門或派系共同合作。例如，要想成為一名成功的國會議員，此人不僅需要了解如何競選公職，並履行公務職責，還需要了解眾議院如何與州參議院、行政部門和司法機構互動。花點時間來了解你所屬領域各個部門或職能之間的相互作用之道、在合作良好時是如何運作的、障礙和缺點在哪裡等等，專業知識可以幫助你進行宏觀思考。

宏觀思考練習

宏觀思考通常意味著從完全不同的角度看待問題，衝突是一個很好的訓練場。

1. 請列舉一個你最近目睹或參與的衝突事件。

2. 為你不同意的一方辯護，列出三個他們有道理的觀點和信念。

a.

b.

c.

3. 假裝你的確同意那個觀點，什麼樣的人生經驗、優先因素和價值觀使你相信自己的作法？

宏觀思考問題討論

1. 你認同埃拉托斯特尼斯的故事嗎，還是與你個人生活經歷差距太大了？你有什麼更好的案例研究嗎？
2. 你認為一個人不需要宏觀思考就能成功嗎？請說明。
3. 宏觀思考在領導力中發揮什麼作用？
4. 你在生活中哪些方面最能有效進行宏觀思考？哪些方面有時讓你覺得是一種挑戰？
5. 你認為宏觀思考的最大挑戰或障礙是什麼？
6. 如果你變得更善於宏觀思考，對你的人生會帶來什麼影響？
7. 想要成為一個更好的宏觀思考者，你必須做些什麼？必須如何改變？
8. 你是否打算實施行動計畫中的任何建議？若有此打算，是哪些建議？若不打算，你認為哪些行動對你更有幫助？將如何執行？

02

投入專注思考

他做每一件事都心無旁鶩。
——查爾斯．狄更斯（Charles Dickens，評論小說家）

社會學家羅伯特．林德（Robert Lynd）觀察到，「唯有分辨得出不必對哪些事實在意，知識才是力量。」專注思考在於消除分心和混亂思緒，以便專注於一個問題，清晰地思考。

無論你的目標是要提高你在競選中的水準、改進個人商業計畫、提高底限、培養下屬，還是想要解決私人問題，都需要專注力。

當然，這並非總是很容易的，你不可能專注於每一件想做的事。但是，你越早學會有所**取捨**，以便專注於最具影響力之事，就越早能夠在最重要的事情上追求卓越表現。

專注思考的案例研究

大多數人在孩提時代都花很多時間用蠟筆塗鴉和著色。根據消息來源指出，美國的十歲兒童平均消耗掉七百三十支蠟筆。多麼豐富的創造力啊！回想你的童年，還記得你所用的蠟筆嗎？在你的腦海裡也許還想像得出蠟筆甚至盒子的形狀和顏色，像是黃色盒子和綠色字母，你甚至還可能想像它們的氣味。那個盒子的品牌名稱是什麼？很有可能是繪兒樂（Crayola）。畢竟，繪兒樂是世界上最受歡迎和公認的蠟筆品牌。每年製造繪兒樂產品的 Binney & Smith 以每天一千兩百萬支的速度，生產將近三十億支蠟筆，數量足以環繞地球六圈了！

這家公司是由約瑟夫．賓尼（Joseph Binney）於一八六四年創建，名為皮克斯基爾化工廠（Peekskill Chemical Works）。一八八五年，創始人的兒子艾德溫（Edwin）及其堂兄哈洛德．史密斯（C. Harold Smith）成為合夥人，並將公司更名 Binney & Smith。直到世紀交替之際，該公司的主要產品還是穀倉專用紅色油漆和製造碳煙或汽車輪胎所用的炭黑。他們產品開發的方法很簡單：詢問客戶的需求是什麼，然後由實驗室開發產品以滿足這些需求。

一九〇〇年，該公司開始為教育界生產石板鉛筆，他們發現教師們很樂意告訴業務代表自身的需求。有老師抱怨粉筆太差時，Binney & Smith 便生產出一種優質的無塵粉筆。有老師抱怨買不到一支像樣的美國蠟筆（當時最好的都是從歐洲進口，而且很貴），公司就開發出繪兒樂蠟筆。這項產品於一九〇三年推出上市，一盒八種顏色，價格也便宜。

繪兒樂在兒童市場找到利基之後，便極度專注於此。一百多年來，他們一直為孩童製造優質的藝術用品。如今，即使面對電子革命，他們依然主宰著那個市場。

在《天才的五種創意方程式》（*The Five Faces of Genius*）一書中，安奈特・穆瑟－魏曼（Annette Moser-Wellman）評論這家公司時說道：

> 繪兒樂業務面臨最大的威脅是兒童電腦遊戲的出現，孩子們不再喜歡畫畫和著色，而是受到互動CD等吸引。繪兒樂並沒有試圖主宰電腦遊戲，而是選擇在有限的範圍內蓬勃發展。他們所做的兒童藝術產品比任何公司更優質。[1]

Binney & Smith很可能在試圖開拓新市場和多元化發展中失去焦點。這就是玩具製造商科萊科（Coleco）發生之事。這家公司在一九五〇年代開始生產皮革製品，後來改成塑膠製品。在一九六〇年代晚期，成了世界上最大的地面游泳池製造商，找到了自己的定位。然而在一九七〇和一九八〇年代，他們追逐電腦遊戲市場，並開發低端電腦（你可能還記得

ColecoVision 家用電子遊戲機），隨後又想靠椰菜娃娃（Cabbage Patch dolls）獲益，最終走向破產。

對 Binney & Smith 來說，若要追求另類的成功並不困難，但他們沒有這麼做，而是一直保持專注。只要做到這一點，將繼續表現出色，銷售更多的蠟筆和兒童藝術用品，超越世界上其他任何公司。

專注思考的案例應用

花點時間思考 Binney & Smith 的故事，並回答下列問題：

1. 從表面上看來，傾聽客戶所有需求可能會讓公司變得不那麼專注，而非更加專注。我們要如何判斷什麼資訊該認真關注、什麼資訊該忽略呢？

2. 在某個時刻，Binney & Smith 的領導階層必須決定縮小關注範圍，集中心力發展一組特定的產品。你認為他們採用什麼判斷標準？你在個人領域或職業中採用什麼標準？

3. 你認為 Binney & Smith 和科萊科對於創新的處理方式有何不同？什麼因素造成一家公司的成功、另一家的失敗？

4. 根據你對繪兒樂產品的了解，你認為產品的專注度如何？這對公司的成效有何影響？

5. 你對於個人的職業或行業有多專注？專注度如何影響你的工作成效？

專注思考如何使你更加成功

專注力對於一家公司的產品開發很重要，同樣的，專注力對於個人的創意發展也是至關重要的。專注思考有助於你達成以下幾件事：

1. 專注思考能推動達成期望目標

在《聚焦：決定你企業的未來》（*Focus: The Future of Your Company Depends on It*，暫譯）一書中，行銷顧問艾爾・里斯（Al Ries）提出一個精彩的例證：

太陽是一種強大的能源，每小時散發數十億千瓦特的能量於地球上。然而，只要戴上帽子、塗上防曬霜，你就可以享受好幾個小時的日光浴，幾乎沒有什麼不良後果。雷射是一種微弱的能源，一束雷射光只有幾瓦特的能量，並聚焦於緊密結合的光流中。然而，使用雷射光可以在鑽石上鑽孔，或消滅癌症。[2]

無論是在身體或精神層面上，保持專注幾乎能夠為任何事帶來能量和動力。如果你正在學習如何投球，想投出一個不錯的曲球，那麼在練投時專注思考將有助於你提升技術。如果你需要改進產品的製造過程，專注思考將有助於你發展出最佳方法。如果你想解決一道數學難題，保持專注思考將有助於你找到解答。哲學家伯特蘭·羅素（Bertrand Russell）斷言：「**能夠在很長的時間內保持專注，是取得困難成就的必要條件**。」一個問題或爭議的難度越大，就越需要專注思考才能解決難題。

在專注思考方面，你通常能做得多有成效？這點通常是你的優點還是缺點？為什麼？

2. 專注思考提供創意發展空間

我最喜歡做的一件事就是提出並發展各種想法。我經常帶著我的創意團隊一起集思廣益，進行創意思考。一開始聚在一起的時候，我們會盡量鉅細靡遺地思考，以便產生盡可能多的想法。這一點很寶貴，因為潛在突破的誕生往往是分享許多好想法產生的結果。

然而，要將想法提升至下一個境界，需要從擴大的思考轉變成有所選擇。多年來我發現，**一個不錯的主意只要有時間專心思考，就會發展成絕佳的主意**。確實，長時間專注於一個想法會令人十分沮喪，我經常花好幾天的時間專注發展一個想法，結果卻發現我無法有所改進。但有時候，我在專注思考上的堅持是值得的，給我帶來了極大的喜悅。專注思考發揮最佳狀態時，不僅想法會成長，個人也會有所成長！

你每天或每週固定花多少時間專注思考？

3. 專注思考能夠釐清目標

專注思考可以讓你消除分心和混亂思緒，以便全神貫注在一個議題上清晰地思考。這一點是很重要的，因為如果你連目標在哪裡都不知道，又將如何達成呢？

我最喜歡的一個愛好是打高爾夫球，這是一種極具挑戰性的運動。我喜歡它是因為目標很明確。南卡羅來納大學的威廉·莫布里教授（William Mobley）對高爾夫做了以下的觀察：

> 高爾夫球運動最重要的一點就是有明確的目標，你看到旗桿，就知道標準桿數。這不是太容易，也並非無法達成，你知道自己的平均分數，還有各種競爭目標，這是與標準桿、與自己、與他人競爭。這些目標給了你一些可以努力瞄準之處。在工作中，就像高爾夫球賽一樣，目標能激勵人心。

有一次在高爾夫球場上，我前面的那一位高爾夫球手，推桿後忘了把旗桿放回洞杯中。由於我看不到目標，使我無法好好地集中注意力，立刻造成了我的挫折感和糟糕的表現，因為我的目標不明確，專注力被削弱了。要成為一名優秀的高爾夫球選手需要全神貫注。思考也是如此，專注力有助於你了解目標並實現之。

保持專注的能力往往取決於對自己的了解以及自身需求。什麼因素（什麼樣的條件或活動）能幫助你變得更加專注？什麼因素會使你無法專注思考？

4. 專注思考能夠讓你更上一層樓

樣樣通、樣樣鬆的人很少獲得偉大成就，分散技能發展的注意力是無法使一項技能純熟的，使你更上一層樓的唯一方法就是全神貫注。無論你的目標是要提高你在競賽中的水準、改進個人商業計畫、提高底限、培養下屬、還是解決私人問題，你都需要專注力。作家哈利・奧弗斯里特（Harry A. Overstreet）觀察道：「不成熟的心智會從一件事跳到另一件事；成熟的心智會試圖貫徹到底。」

在《心靈地圖──追求愛和成長之路》（*The Road Less Traveled*）一書中，史考特・派克（M. Scott Peck）講述一個關於自己不善於修理東西親身經歷的故事。他說，每當他試圖進行小小的修復或組裝任何東西時，總是落得困惑、失敗和沮喪的結果。後來有一天他在散步時，看見一個鄰居在修割草機，派克對那人說：「天啊，我真佩服你。我從來沒能修好這些東西，或完成過這一類的事情。」

「那是因為你沒有花時間去做。」鄰居回答。對此人所言思索了一番之後，派克決定驗證一下這是否屬實。下一次面對機械挑戰時，他花時間將注意力集中在這個問題上。令他感到不可思議的是，三十七歲的他終於成功了。

他說從此之後，他明白了自己不是「被詛咒的、有遺傳缺陷、喪失行為能力或無能的」，如果他想在生活中某個領域更上一層樓，只要他願意專注於此，就可以辦到。而如今他有意識地選擇將注意力集中在自己的職業：精神病學。[3]

你生活中哪些地方最需要你的專注思考？為什麼？

如果你變得更善於專注思考呢？

只有在承認自己需要改進的領域，我們才有辦法改變、成長和進步。針對專注思考能力，非常誠實地自我評估，在這方面你需要改進哪些地方？如果你開始以更專注的方式思考，你的人生會有什麼變化？對於你的職業生涯、人際關係、經濟、精神，會造成什麼影響？不妨花一點時間反思，並在此記錄下你的想法。

如何成為專注思考者

你生命中的每一個領域都值得你花時間專注思考嗎？當然，答案是否定的。你的專注思考要有選擇性，而不是包羅一切。一旦掌握了你應該思考的方向，就必須決定如何更加專注於此。以下是幫助你完成專注思考的五點建議：

1. 消除外界干擾

我發現我需要有完整時間思考，不受干擾。因此在必要的時候，我會去自己的「思考之地」，讓別人找不到我。但身為一個領導者，我知道我必須做到和別人保持聯繫，也必須遠離外界以便專心思考。

然而，前者讓我們與人保持聯繫、了解他人需求，後者讓我們得以思考、想辦法為他人增加價值，兩者都需要我們的重視與關注。

2. 騰出時間專注思考

一旦找到了靜心思考的地方，你還需要思考的時間。幾年前，我發現自己最好的思考時段是在早晨，因此，只要有可能，我都會把早晨預留給思考和寫作。為專注思考爭取時間的方法之一，是像一家公司一樣對自己實施規則，在上午十點之前不得查看電子郵件，而要將精力集中在你的首要之務。不要浪費時間，如此一來就可以為自己創造更多思考時間。

3. 將關注重點放在眼前

偉大的先驗思想家拉爾夫．沃爾多．愛默生（Ralph Waldo Emerson）認為：「政治、戰爭、貿易，簡言之，在所有人類事務的管理中，強大實力的祕訣在於全神貫注。」要從這種專注力中獲益，就要把重要的事項放在眼前，請同事或助理不斷地提醒，或者把檔案或頁面放在每天工作時可以看到的地方。三十年來，這個策略成功地幫助我激發和強化各種想法。

4. 設定目標

我相信目標很重要。只有在目標很明確時，人的頭腦才會集中注意力。但是設定目標的目的是要集中你的注意力、給你方向，而不是確定最終目的地。當你在思考個人目標時，請注意應該要：

- 目標夠清晰，易於保持專注
- 目標夠接近，易於達成
- 目標對人有益，足以改變人生

務必寫下你的目標。如果你想確保專注，不妨接受大衛・貝拉斯科（David Belasco）的建議：「如果你無法在我的名片背後寫下你的想法，就表示你沒有明確清晰的想法。」

5. 質疑你的進展

問自己：「我投入專注思考的時間是否有所回報？我的行動是不是讓我離目標更接近了呢？我是否朝著正確方向前進，幫助我履行承諾、專注於優先事項，和實現夢想呢？」

專注思考行動計畫

1. 預留專注思考的時間：你不會有專注思考的時間，除非你刻意安排。在你的行事曆上每天預留一段思考時間。理想情況下，應該選在一天中你最有效率的時段。預留這段時間，像其他重要的約會一樣看待。

2. 打造專注思考的環境：專注思考最大的敵人之一就是分心，不妨創造一個良好的思考環境。找一個地方，讓你不會受到外界干擾、分心或誘惑，例如手機、電腦、社交媒體、電視等等（是的，這是可能辦到的！但你可能要下點功夫），然後，在你預留的思考時間來到這個地方。務必堅持下去。剛開始可能得花一點時間，直到你有辦法安定下來、專心思考。

3. 確定你的關注領域：如果你有很強的專注力，但卻用錯了地方，你將無法發揮你的潛力。你的夢想是什麼？你有什麼才能？你擁有哪些可利用的資源？你的人生有什麼使命感？花一點時間思考這些問題，釐清你的目標，你就會知道該把注意力放在哪裡了。

4. 專注於關鍵的決定：我們的人生受到最大的影響，不管是好是壞，只在於幾個關鍵的決定，專注思考可以幫助你完成這些決定。任何時候當你意識到某個問題或決定很重要時，不妨花一些時間專注思考，釐清思緒。

專注思考練習

查看你未來一週的行事曆，找一小時的空檔當作你的思考時間，記錄在你的行事曆上，顯示你暫時離開辦公室或沒空。

到了那個時候，把你的手機、MP3播放器、掌上型電腦、電腦和其他任何可能會讓你分心的東西都留下來，只帶一支筆和一個小筆記本，用來記錄你的想法。

去你的思考之地。如果你還沒有，那就找個地方，可能是你的院子、當地圖書館、公園、自家的一個房間、一家安靜的咖啡館，甚至是在辦公室附近散步時。利用這段時間，讓思緒集中於需要解決的特殊問題，或是需要發展的好主意。

專注思考問題討論

1. 你能舉出某個人或某家公司因極度專注而取得巨大成功的例子嗎?他們的專注力如何讓他們成功的?
2. 你比較崇拜哪一種人:對一件事很專精的人,或是幾乎無所不能、多才多藝的人?
3. 你認為那種崇拜如何影響你對專注思考的態度呢?
4. 你是那種自然而然一次只專注一件事的人,還是傾向於想法或計畫不斷轉換的人?
5. 你是否能舉出一個實例,說明專注思考曾經如何幫助你完成任務或解決問題?
6. 面對專注思考,你最大的障礙是什麼?
7. 你願意在這一方面做什麼改進嗎?
8. 別人能做些什麼來幫助你成為更專注的思考者呢?

03

利用創意思考

快樂源自於創造，而非一成不變。
——文斯・隆巴迪（Vince Lombardi，NFL 名人堂教練）

不管你的職業是什麼，創造力都是極其珍貴的。在《天才的五種創意方程式》一書中，作者安奈特・穆瑟-魏曼斷言：「你為自己的工作和公司帶來最寶貴的資源就是你的創造力，不管你完成了什麼事、擔任了什麼職務、有什麼頭銜、產能有多少，你的創意構想才是最重要的。」[1] 儘管一個人的創意思考能力很重要，但似乎很少有人擁有足夠的技能。

如果你認為自己的創造力不足，可以改變你的思維方式。創意思考不見得一定是原創的思想。事實上，我認為人們神話了原始創意的概念。大多時候，創意思考是一路以來所發現**各種想法的組合**。即使是我們公認極具原創性的偉大藝術家，也是從他們的師傅那裡學習，模仿他人的作品，彙集了大量的點子和風格，才創造出自己的作品。研究藝術史，你會發現貫穿所有藝術家的作品和藝術流派的線索，看到藝術家們承先啟後的關聯性。

創意思考的案例研究

許多人錯誤地認為，如果一個人天生沒有創意細胞，也就永遠不會有創造力。然而，創造力是可以培養的。事實上，有些人努力讓自己成為創意思考者，花了很多時間跳出框架思考，最後我都不確定是否還有任何框架存在他們心中。

我讀到一篇文章，就有一群人是這麼做的，他們在維吉尼亞州里奇蒙市成立了一家名為Play的小型行銷公司。這家公司是一個創造力的大熔爐：角落的會議室被稱為遊戲室。員工們自創頭銜，在他們發明的頭銜當中包括「負責下一步工作的人」、「理性之聲」、「請檢查」、以及「1.21吉咖瓦特」（1.21 jigawatts，譯注：源於一九八五年《回到未來》電影中對於「gigawatt」（十億瓦特）的發音，片中將1.21 gigawatts讀作1.21 jigawatts）。該公司鼓勵員工大膽地利用公休假去爬山、學衝浪，或是去做任何可能激發更大創造潛力之事。

當每個人都在挑戰極限、各種創意飛揚時，員工們稱之為「神奇魔力」（mojo）。當某個團隊碰壁，截止期限迫近時，他們會為專案計畫發出「緊急信號」，組織中的每個人都會大力相助。員工考特尼・佩奇（Courtney Page）解釋說道：「在發出緊急信號計畫的主持者覺得滿意之前，沒有人會回家，不管要花多久的時間。」

Play 創始人打造了一個驚人的創意環境。創意領導力中心的產品經理比爾・霍蘭德（Bill Howland），測試了 Play 公司培養創造力的能力，他表示 Play 的「分數打破了紀錄，我在該中心工作了六年之久，從未見過其他公司擁有如此開放和創新的環境。」

這家公司的價值觀很簡單：人、遊戲、利潤——按照此一順序排列。該公司銷售部門負責人羅伯・派爾（Robb Pair）表示：「在 Play 工作真的讓我有一種『無極限』的感覺。公司鼓勵冒險，使我有機會探索自己的潛力和能力。」

Play 的聯合創辦人安迪・塞凡諾維奇（Andy Sefanovich）描述自家公司是如何培養這種創造力的：「我們所做的就是**打造一個創意社群**，而不是神祕地將創造力視為少數人擁有的特殊天賦。」[2] 對於那些想要變得更有創造力的人，他們提出什麼建議呢？「多看一些東西，多加認真思考。」這是我們所有人都能學習接受的一個公式。

創意思考的案例應用

讀了有關 Play 公司的介紹後，請回答下列問題：

1. 你對這家公司的第一直覺反應是什麼？看起來是有創意的，還是混亂無序？

2. 你對於員工自創頭銜有什麼看法？似乎很有趣，還是愚蠢？

3. 需要多大的創造力才會樂意讓自己看起來可笑或愚蠢？

4. 如果你的組織或部門對於一項計畫發出「緊急信號」，要求每個人都全力參與，直到計畫完成，你會有什麼反應？覺得這很吸引人，還是令人討厭？

5. 你對於創造力和與創意人士合作的看法是什麼？這對你的創意發揮有什麼影響？

創意思考如何使你更加成功

創造力可以提高一個人的生活品質，以下是創意思考可能帶給你的五個具體好處：

1. 創意思考為一切事物增加價值

難道你不想要有一個無限豐富的創意寶庫，可供你隨時利用嗎？這就是創意思考帶來的好處。因此，無論你目前做什麼事，創造力都能提高你的能力。創造力是能夠從別人看到的事中想到別人未曾想到的，進而完成別人不曾完成之事。有時候，創意思考沿著發明路線進行，開拓了新的領域，而有時候則沿著創新路線發展，有助於你更新做事的方法。但不管是哪一種路線，都是用全新的眼光看待世界，進而出現新的解決方案，總是增加價值。

你認為自己是一個有創造力的人嗎？你覺得發掘自己的創造力有多容易，或多困難？

2. 創意思考複利

多年來，我發現
創意思考是一件困難之事
但是
創意思考可以複利產生，只要給予足夠的
時間和專注力

比起其他任何一種思考方式，創意思考或許更能累積、增強思考者的創造力。詩人瑪雅・安傑魯（Maya Angelou）觀察到：「你的創造力是無窮無盡的，**運用得越多，擁有的就越多**。遺憾的是，創造力往往受到壓抑，而不是被培養。必須營造一種氛圍，鼓勵以新的方式去思考、感知，和質疑。」如果你在適合的環境中培養創意思考，很難預料你能想出什麼樣的創意（容我稍後再詳述）。

在創造力這一方面，你會如何描述你的工作環境？

3. 創意思考吸引別人關注你和你的想法

創造力是享受樂趣的智慧。人們欣賞智慧，也總是被樂趣所吸引，所以兩者的結合真的是棒透了。

如果說有人能從個人智慧中得到樂趣的話，非李奧納多．達文西莫屬了。他多元化的創意和專業知識令人驚歎不已，他是畫家、建築師、雕塑家、解剖學家、音樂家、發明家和工程師。「文藝復興人」（Renaissance man）一詞正是因他而生的。

正如文藝復興時期的人被達文西及其思想所吸引一樣，現代人也被有創造力的人吸引。如果你培養了創造力，你會對其他人更有吸引力，他們會對你產生好感。

在你的世界中，誰是最有創造力的人？你欣賞他們什麼樣的創造力？

4. 創意思考能幫助你學習更多東西

作家兼創意專家厄尼·澤林斯基（Ernie Zelinski）表示：「創意是有所不知的樂趣，意思就是，領悟到人們很少能夠知道一切答案，但總是有能力為任何問題提供更多解決方案。有創造力就是能夠看到，或想像出很多解決生活問題的機會。創造力就是有所選擇。」[3]

如果你總是積極尋找新的想法，就會學到新東西，這似乎不用說也知道。創造力具可傳授性，能針對問題看到更多解決方案。出現越多的想法，學習新事物的機會就越大。

你更容易認同哪個詞：專家或是學習者？這對你的創造力有什麼幫助或傷害嗎？

5. 創意思考挑戰現狀

如果你渴望改善個人世界，甚至自己的處境，那麼創造力將會幫助你。維持現狀和創造力是不相容的。想想看：如果愛迪生重視維持現狀而不是創造力，他還會發明燈泡嗎？

關於維持現狀，你的立場是什麼？一般而言，你認為自己對目前的生活、工作和環境感到滿意嗎？還是說，你總是不斷嘗試改變事物呢？這對你的創造力有何影響？

如果你變得更善於創意思考呢？

只有在承認自己需要改進的領域，我們才有辦法改變、成長和進步。針對創意思考能力，非常誠實地自我評估，在這方面你需要改進哪些地方？如果你開始採取更具創意的思考，你的人生會有什麼變化？對於你的職業生涯、人際關係、經濟、精神，會造成什麼影響？

不妨花一點時間反思，並在此記錄下你的想法。

如何成為創意思考者

這時你可能會說，「好吧，我相信創意思考很重要，但我要怎樣才能找到自己的創造力呢？我該如何發掘創意思想的樂趣呢？」以下提出五種方法：

1. 消除創意殺手

經濟學教授幽默作家史蒂芬・利科克（Stephen Leacock）表示：「就我個人而言，我寧願寫《愛麗絲夢遊仙境》，也不願寫整部《大英百科全書》。」他看重溫暖的創造力更勝於冰冷的事實。如果你也是如此，就必須消除那些貶低創意思考的態度。

如果你自認為有個不錯的點子，不要讓你自己或任何人有機會扼殺你的創造力。畢竟，如果你強迫自己墨守成規，就無法有所創新、完成令人興奮之事。不要老是努力做同一件事，不妨做一些改變。

2. 透過提出正確的問題進行創意思考

創造力主要在於提出正確的問題，例如：

- 為什麼必須這樣做？
- 問題的根源是什麼？
- 潛在的爭議是什麼？
- 這讓我想起了什麼？
- 相反的結果是什麼？
- 什麼隱喻或象徵符號有助於解釋清楚？

- 為什麼很重要？
- 最困難或最昂貴的執行方法是什麼？
- 誰對此有不同的觀點？
- 如果我們完全不去做會怎麼樣呢？

物理學家湯姆．赫希菲爾德（Tom Hirschfeld）觀察到，「如果你不經常自問『為什麼會這樣？』，通常就會有人問『你憑什麼？』」如果你想讓自己的思考具有創造力，就必須提出好的問題，你必須挑戰思考過程。

3. 打造一個有創造力的環境

廣告業負責人查理．布勞爾（Charlie Brower）曾說：「新的創意點子是很脆弱的，一個冷笑或哈欠就足以扼殺它；一句嘲諷挖苦就足以將之刺死；決策者皺個眉頭就足以令人擔心得要死。」負面的環境每分鐘扼殺無數個好主意。反之，有創造力的環境就像一個溫室，創意構想得以在此播種、發芽、茁壯成長。有創造力的環境能夠：

- **鼓勵創造力**。管理大師大衛・希爾斯（David Hills）表示：「根據創造力的研究表明，決定員工是否具有創造力的一個最大變數是，員工認為自己是否獲得許可。」
- **高度重視團隊成員之間的信任感和個人特質**。創造力總是冒著失敗的風險，正因如此，對有創造力的人來說，信任感是很重要的。
- **擁抱那些有創造力的人**。有創造力的人喜歡與眾不同。如何對待有創造力的人呢？我採納了湯姆・彼得斯（Tom Peters）的建議：「淘汰蠢蛋，培育狂熱分子！」
- **注重創新，而非只注重發明**。流行動作片《特種部隊》（GI Joe）的創作者山姆・韋斯頓（Sam Weston）表示：「真正具有開創性的想法是很少見的，但你不一定需要創意來成就你的事業。我對創造力的定義是，兩個以上現有元素合乎邏輯的組合，進而形成一個新的概念。」
- **願意讓人超越自我界線**。我們面臨的大多數限制，都不是別人強加的，而是自我設限，缺乏創造力的人通常屬於這一類。如果你想更具創造力，不妨挑戰界限。
- **讚賞夢想的力量**。有創造力的環境鼓勵夢想的自由。有創造力的環境讓小馬丁・路德・金恩（Martin Luther King Jr.）滿懷熱情地向數百萬人宣告：「我有一個夢想」，而不是「我有一個目標」。

4. 多多與其他有創意的人相處

如果你工作的環境不利於創造力，而你幾乎沒有能力去改變它，怎麼辦呢？有一種可能性就是換工作。但是，雖然環境不利，如果你還是想繼續在那裡工作呢？你最好的選擇是想辦法找到其他有創造力的人，多多與之相處。

創造力是有感染力的。你可曾注意過在精彩的集思廣益會議所發生的事呢？一個人拋出一個想法，另一個人以此為跳板又發掘另一個想法，再由別人把它帶向另一個甚至更好的方向，最後有人捕捉到精髓，將之提升到一個全新的境界。**思想的相互作用**是神奇驚人的。

事實上，你的思考方式會開始像你時常與之相處的人。你花越多時間和有創造力的人一起互動思考，就會越來越有創意。

5. 跳脫個人框架

女演員凱瑟琳·赫本（Katharine Hepburn）曾說：「如果凡事都墨守成規，就會錯失所有的樂趣。」雖然我不認為有必要打破一切規則（許多規則都是為了保護我們而設立的），但我確實認為，自我設限阻礙個人發展是不明智的。創意思考者知道，唯有不斷突破自己的過去和個人局限，才能體驗到創造性的突破。

創意思考行動計畫

1. 尋找或營造一個有創造力的環境：你的工作環境是自然地鼓勵創造力，還是扼殺創意？若是不鼓勵創造力，你就需要做一些改變。首先，與其他有創造力的人多多相處。若能在自己的工作環境中找到這種人，好極了。若沒有，不妨向外尋找。

第二，做一些事情來改善目前的工作環境，利用圖片、照片、勵志物品、玩具、或是競賽來刺激創意思考。要求其他人在腦力激盪時不要給任何負面反饋。表揚和獎勵創意思考和創新手法。如果可以的話，引進遊戲。如果是在你的權力範圍內，給人們時間去精神充電一下，或帶他們一起出去體驗能刺激思考的活動。

其中一些點子聽起來可能很瘋狂，但創造力會導致創新，而創新將會改善組織內部的策略、產品和服務。

2. 做一些不同的事情：激發創意思考的最好方法之一，就是脫離你的例行公事或專業領域，學習開拓你的思維。

閱讀你所屬領域之外的書籍、找一個新的愛好、學習新技能、做一些你從小就夢想要做的事情、去一個與自身文化不同的國家度假。讓自己不那麼舒服，超越個人想像，讓自己接觸一些能夠擴展個人思維的事情，脫離自己的舒適圈。

3. 對自己不斷提問：創造力通常來自於不斷提出問題，想要以不同的方式思考，你就必須挑戰自己和他人。

建立一張問題清單，讓你在日常工作時可以藉此刺激你的思考。利用以下問題清單做為起點，但務必要自己提出一些有助於個人特定領域的問題：

我為什麼喜歡這個主意？
它涉及哪些潛在的爭議？
這讓我想起了什麼？
相反的結果是什麼？
什麼隱喻或象徵符號有助於解釋清楚？
這個想法的價值是什麼？
最困難或最昂貴的執行方法是什麼？

誰對此有不同的觀點？

如果我完全不做會怎麼樣呢？

在我最瘋狂的夢想中，這個想法能帶來什麼？

一旦你建立了問題清單，把它放在索引卡上，或是你的手機、iPad或PDA上。建議你不妨隨身攜帶，在工作或開會時隨時參考。

創意思考練習

1. 想一想有什麼事情是對你發展不利，或是你想要改變的，在下列方框中給它一個標題。

請隨意發揮創意、熱情抒發。

2. 在方框內，描述事情的現狀，及其進展不順的原因。你可以用一些單字、幾句話、繪製圓餅圖，或任何方式表達你的核心問題。

3. 現在，在方框外，描述一下你希望的發展狀況。不要擔心它是否切合實際，也不要猶豫是否可行，只要把你想到的一切都記下來。利用符號、圖片、縮寫、拼貼，或是任何對你有意義的表達方式。

1. 當你聽到「創造力」一詞時，你有什麼想法？
2. 在1到10的等級內，你會如何為自己的創造力評分？
3. 創造力對你的工作或職業有多重要？
4. 你所認識的人當中，誰最有創造力？請描述一下這個人。你最欣賞的特質是什麼？
5. 做一個有創造力的人有什麼缺點嗎？在你認為有創造力的人身上，你觀察到了哪些負面缺點？
6. 在創意思考方面，你最大的挑戰是什麼？
7. 你覺得自己什麼時候最有創意？你所從事的活動對創造力有何影響？你的創造力會受到哪些因素的影響？一天的時段？或是一年中哪個季節？或是互動的對象？
8. 對於你的環境、工作習慣或休閒時間，你能做出哪些改變以提升個人創意思考？你什麼時候會去做這些改變？

04

採用現實思考

領導者的首要責任是釐清現實。

——馬克斯．德．普里（Max De Pree，美國商人和作家）

如果你剛剛讀完上一章關於創意思考的內容，可能會覺得與本章的現實思考是互相衝突的。我這麼說是因為在我的職業生涯早期，由於擔心會扼殺創造力，我刻意避免現實思考。後來，我才明白了這兩種思考的價值。

所謂現實是我們的期望與實際情形之間的差異，**一個人不可能忽略現實而達到成功**，我花了一段時間才認清這一點，逐漸變成一位現實思考者。這個過程經過階段性發展。一開始，我完全不會務實地思考，不久之後，才意識到這是有必要的，因此開始偶爾執行（但是我並不喜歡，因為覺得這太過消極，只要可以，我都會委託他人去做）。最後，我發現，如果我想要解決問題，並從錯誤中吸取教訓，就必須進行現實思考。漸漸的，我開始願意在遇到麻煩之前先務實地思考一番，也把它變成生活中的習慣。如今，我不僅每天都會這麼做，同時也鼓勵我的主要領導人思考時都要實事求是。我們把現實思考做為事業發展的基礎，因為可以從中獲得確定性和安全保障。我建議你也這麼做。

現實思考的案例研究

二〇〇一年九月十一日紐約世貿中心大樓的倒塌，情況之惡劣遠遠超乎任何人想像，在此悲劇發生之後，美國得到了現實思考的教訓，才發現自己沒有避免或忽視現實思考的本錢。

我在二〇〇二年二月三日星期天想起了這一點，那天是繼九一一慘案之後我首次參加的超級盃比賽，是在路易斯安那州的紐奧良舉行。我之前也參加過兩場重大賽事，為我的主場隊加油——先是聖地牙哥，後來是亞特蘭大。我也看過兩隊輸球，但我從未見識過像這樣的比賽！

這個場合被指定為「國家安全特別活動」，意思就是會受到美國特勤局的監督，軍事人員將與當地執法部門合作，而且是最高的維安層級。特勤局請來了數百名特工人員，維護整個地區的安全。為了準備這場比賽，路易斯安那超級巨蛋的出入受到嚴格管制，加強安檢。政府封鎖了道路，關閉附近的州際公路，並指定該地區為禁飛區。

官方建議球迷們提前五個小時到達，所以我們很早就抵達了超級巨蛋，馬上就親眼看到明顯的預防措施。八英尺高的柵欄包圍了整個區域，混凝土屏障封鎖未經授權的車輛接近大樓。我們可以看到神槍手在不同的地點就定位，包括附近一些建築物的屋頂上。到達入口處時，警察和安全人員對我們進行搜身，詳細檢查了每個人的物品，隨後指示我們通過金屬探測器，一切完成之後才得以進入體育場。

「這一切都安排得很好，」你可能會問，「但是，萬一發生恐怖攻擊的時候怎麼辦呢？」特勤局也已經想到了，早就為最糟糕的情況做好了萬全準備。疏散計畫已經到位，超級巨蛋的工作人員也進行過演練，以確保每個人都知道在緊急情況下該如何應變。

紐奧良市長馬克．莫里爾（Marc Morial）在超級盃比賽前一天表示，「我們想要向所有的遊客傳遞一個訊息，紐奧良市將成為全美最安全的地方。」[1] 我們明白了，一點也不擔心。

當領導者體認到現實思考的重要性時，就是這麼一回事。

現實思考的案例應用

回想二〇〇二年超級盃的故事之後，請思考下列問題：

1. 你認為，當局為了確保二〇〇二年超級杯賽事的安全而採取的措施，是否過於嚴格，還是合情合理呢？請說明。

2. 想一想目前機場採取的安檢措施。你認為，根據公民目前面臨的威脅程度，當局的要求是過於嚴格、切合實際，還是過於寬鬆呢？

3. 你如何定義現實思考？你如何定義樂觀思考？你如何定義悲觀思考？三個定義之間的差異，是否說明了你個人的思考傾向？你傾向樂觀、悲觀還是務實？請說明。

4. 現實思考在安全問題上發揮什麼作用？在商業領域、在家庭生活、在體育運動呢？現實思考通常是積極或消極的特質？請說明。

現實思考如何使你更加成功

如果你和我一樣是一個天生樂觀的人，你或許不會想要成為一個比較務實的思考者。但是，培養現實思考的能力不會削弱你對人的信心，也不會減少你看到和抓住機會的能力。反之，它將以另類方式為你增添價值：

1. 現實思考將負面風險降到最低

行動總是會產生後果的，現實思考有助於你確定這些後果可能是什麼，這一點是很重要的，因為只有透過認清並考慮到後果，你才能制定因應計畫。如果你為最壞的情況做好打算，就可以把負面風險降到最低。

在策略規畫時，你多常考慮最糟的情況？是否和你對可能獲益的考慮有同等重要的份量？若否，原因為何？

2. 現實思考為你提供目標和行動計畫

我認識一些商人並不是現實思考者。好消息是：他們非常積極，對個人事業抱有很大的希望。壞消息是：希望並不是一種策略。

現實思考要求人們理性面對現實、定義明確的目標，並且能夠制定實現目標的行動計畫，因此會帶來卓越的領導和管理。當人們務實地思考時，也會開始簡化作法和程序，因而提高效率。

事實上，在商業中只有少數幾個決策是重要的。現實思考者了解重大決策與一般業務過程中的必要決定兩者之間的區別。重大決策直接關係到你的目標。英國哲學家詹姆斯・艾倫（James Allen）說的沒錯，「除非思想有清楚的目標，否則不會有智慧成就。」[2]

你如何認清重大決策和必要決定之間的區別？

---

3. 現實思考是改變的催化劑

依靠希望獲得成功的人很少把改變當成首要任務。如果你只有希望，那就代表你認為成就和成功不在自己的掌握之中，而是運氣或機緣的問題，那又何必費心改變呢？

現實思考可以消除這種錯誤的態度。**沒有什麼比面對現實更能讓人認清改變的必要性了。**光靠改變並不能帶來成長，但若是沒有改變，你就不會有所成長。

描述過去面對現實如何幫助你有所改變，請舉出具體的例子。

4. 現實思考提供安全感

任何時候，只要你事先考慮過最壞的情況，並且制定緊急應變計畫，就會變得更加自信和安全。知道自己不太可能碰到意外驚奇，這點令人感到安心。失望是期望和現實的落差所造成的，而現實思考能減少兩者之間的落差。

想一想你目前面臨的一個挑戰，仔細考慮最壞的情況，所有負面的可能性是什麼？現在再想一想最好的情況，以及能帶來的所有好處。你覺得現在準備好面對它了嗎？

5. 現實思考為你帶來可信度

現實思考有助於人們認同領導者及其願景。領導者不斷面對突發的意外事件，很快就會失去追隨者的信任。反之，那些務實思考並有因應計畫的領導者，會讓組織立於不敗之地，讓人對他們有信心。

在打造願景之前，最好的領導者會先提出現實的問題，他們會自問：

- 這可能嗎？
- 這個夢想包括所有人還是只有少數人？
- 我是否已認清並說得出使這個夢想難以達成的困難點？

如果你是一個領導者，目前正在從事一項專案或計畫，請問自己以上列出的三個問題，並在此處詳細寫下你的答案，然後思考這些答案對於你的領導有何幫助。

6. 現實思考提供建設發展的基礎

愛迪生觀察說：「一個好主意的價值在於實際應用。」現實思考的底限是，它能幫助你去除願望因素，使一個主意變得有用。大多數的創意和嘗試都沒有達到預期結果，正因為它們太過依賴願望而不是現實。

沒人能在半空中蓋房子，它需要一個穩固的地基。創意點子和計畫也是一樣的，都需要一些具體的東西來建造，現實思考提供了堅實的基礎。

現實思考有助於理解你在任何行動的出發點。想一想你目前的工作目標，你的出發點是什麼？目前的情況如何？你認為你會面臨什麼困難？仔細盤點一下。

7. 現實思考有利於陷入困境之人

如果你不怕失敗，就會發揮創意思考，而現實思考就是在失敗發生時面對事實。現實思考會給你一些具體的東西，讓你在陷入困境時有所依靠，令你感到安心，在不確定的狀態中，確定性會帶來穩定感。

你如何處理失敗？你是否用現實思考來審視自己，檢查出了什麼問題？舉出具體的例子。

你過去對於面對現實的意願高低，如何對你有所幫助、或造成傷害？

8. 現實思考使夢想成真

英國小說家約翰．高爾斯華西（John Galsworthy）寫道：「一個人離問題越遠就越理想主義。」如果你不夠接近問題核心，就無法解決問題。如果你不務實地檢視自己的夢想，以及實現夢想的條件，你將永遠無法達成。現實思考能幫助你做好準備，使任何夢想成真。

想一想你一直沒有實現的一個長期目標或夢想。你很可能只專注於它的好處，而忽略了達成目標所需的現實問題。花一點時間務實理性地思考一下：完成它需要什麼、需要花多久的時間、你擁有什麼資源、你面臨什麼阻礙、達到目標需要哪些步驟、誰可能願意提供幫助。

如果你變得更善於現實思考呢？

只有在承認自己需要改進的領域，我們才有辦法改變、成長和進步。針對現實思考能力，非常誠實地自我評估，在這方面你需要改進哪些地方？如果你開始實事求是地思考，你的人生會有什麼變化？對於你的職業生涯、人際關係、經濟、精神，會造成什麼影響？不妨花一點時間反思，並在此記錄下你的想法。

如何成為現實思考者

由於我天生樂觀、不是現實主義者，因此不得不採取具體措施來改善我在這方面的思考方式。以下是我用來提升現實思考所做的五件事，建議你不妨也這麼做：

1. 培養對事實真相的重視

哈里．杜魯門總統（Harry S. Truman）說：「我並沒有讓他們下地獄，只是告訴他們事實，而在他們看來，事實就是地獄。」這是許多人對事實真相的反應。我們很自然地傾向於誇大個人的成功，輕視失敗。不幸的是，如今許多人都正如邱吉爾所形容的：「人偶爾會被真理絆倒，但大多數人會立刻爬起來並匆匆離去，假裝什麼事都沒發生過。」然而，如果你想成為一個現實思考者，就必須處理事實真相、坦然面對。

2. 做好充分準備

現實思考的過程是從做好充分準備開始，你必須先了解事實。前州長、國會議員和外交大使切斯特．鮑爾斯（Chester Bowles）說：「你在處理一個問題時，先去除個人先入為主的觀點和偏見，收集事實，全盤了解情況，做出你認為最誠實的決定，然後堅持到底。」如果你的想法是基於錯誤的數據或假設，無論你的思考有多完整，也一點都不重要了。

3. 仔細想想利弊得失

沒有什麼比花時間徹底檢視一個問題的利弊得失，更能讓你面對現實了。結果很少會是單純選擇一個好處最多的行動方案，因為所有的利弊得失並不具同等份量。然而，這有助於你挖掘事實，從多個角度審視問題，並確實計算可能的行動方案之代價。

4. 想像最壞的情況

現實思考的本質是發掘、想像、檢驗最壞的情況。問自己一些問題，例如：

- 萬一銷售額低於預期怎麼辦？
- 萬一收入降到谷底怎麼辦（不是樂觀主義者的谷底，而是真正的谷底！）
- 萬一我們沒有贏得商業客戶怎麼辦？
- 萬一客戶賴帳怎麼辦？
- 萬一我們的工作人手不足怎麼辦？

- 萬一我們的最佳成員生病了怎麼辦？
- 萬一所有大學都拒絕我的申請怎麼辦？
- 萬一市場崩盤怎麼辦？
- 萬一志願者退出怎麼辦？
- 萬一沒有人出現怎麼辦？

無論你是經營企業、領導部門、帶領教會、指導團隊，還是規畫個人財務狀況，都需要考慮最壞的情況。你的目標並不是要消極或期待最壞的結果，只是事先未雨綢繆做好準備。如此一來，不管發生什麼事，你都給了自己最佳機會獲得正面的結果。

5. 整合你的想法與現有資源

使現實思考發揮到極致的關鍵之一，就是讓你的資源與目標相互配合。研究利弊得失、檢視最壞的情況，會讓你察覺到理想與現實之間的差距。一旦你認清了這些差距，就可以運用你的資源來填補，畢竟，這就是資源的用途。

現實思考行動計畫

1. 了解個人路線：從現實的角度思考對你來說有多困難？如果你天生是一個有遠見的人、討人喜歡的人、或是有創造力的人（或者三者都是，就像我一樣），你可能很難務實地思考。看看下列敘述，找出自己的定位，在最能描述你的句子上方畫圈。

(1) 我從不做現實思考。

(2) 我不喜歡現實思考。

(3) 我會讓別人去做現實思考。

(4) 只有在遇到麻煩之後，我才會做現實思考。

(5) 在遇到麻煩之前，我會先做現實思考。

(6) 我會不斷地把現實思考變成我生活的一部分。

(7) 我會實事求是地思考，並鼓勵我的主要領導人也這樣做。

(8) 我會把現實思考做為我們事業的基礎。

(9) 我從現實思考中獲得確定性和安全感。

(10) 我非常依賴事實，經常為最壞的情況做打算。

你的目標應該是盡可能地往敘述後方發展。不妨找兩位志同道合也希望能改進現實思考的人，每個星期共同討論，在這方面互相挑戰、互相問責。

2. **養成日常「作功課」的習慣：**大多數人必須強迫自己務實理性地思考，這不是天生的本事。如果對你來說也是如此，你就需要把理性思考當成日常生活習慣。其中一種方法是，每次你在接受計畫或設定目標時，都要仔細研究、思索最壞的情況。對可能出現的問題預做準備，並將之納入你的計畫過程。

3. **整合個人資源：**對於當前一個重要的計畫或目標，在你考慮完一切所需的步驟之後，便可以運用現實思考來探索所有可能會出錯的問題，然後再用這兩份清單來分配資源。你可能會發現，如果你定期採用這個流程，等你到了執行階段時，將經歷較少的延遲和資金短缺。

4. 鼓勵說真話的人：人們在生活中需要有願意對他們說真話的人，他們需要別人的誠實對待，而不會覺得受傷害或心生報復之意。

你所認識的人當中，誰符合這個描述？你身邊有人對你很務實嗎？如果有，是哪些人？與他們交談，鼓勵他們繼續對你誠實。如果沒有，不妨開始尋找這種人。

現實思考練習

這個練習需要一位你信任的人協助，務必為你誠實作答。

1. 寫下你的五大優點和五大缺點。

2. 請一位好朋友或家人寫下他們認為你的五大優點和五大缺點。

3. 交換清單。把你同意的打勾，不同意的打X。請你的朋友也這麼做。

4. 討論清單。

5. 寫下你該如何善加利用每一個優點、以及改進每一個缺點。

現實思考問題討論

1. 你通常最喜歡與哪一類人相處：樂觀主義者、悲觀主義者，或現實主義者？為什麼？
2. 大多數人傾向於樂觀或悲觀。哪種態度對你來說更自然？
3. 你認為一個人的樂觀或悲觀的最大因素是什麼：氣質、經驗或訓練？
4. 在任何行動中，預先考慮到最壞的情況有什麼好處？或有什麼負面影響呢？
5. 有沒有可能定期思索最壞的情況，但仍保持普遍樂觀的前景？如果不可能，為什麼呢？如果可能，該怎麼做？
6. 考慮一下現實思考的這個定義：既不期待最壞的情況，也不盲目希望得到最好的結果，而是同時認清兩者，並為此做好準備。你同意這個定義嗎？請說明。
7. 根據上述問題中的定義，你是否稱得上是現實思考者？
8. 你願意並且能夠做些什麼來提高你的現實思考能力？

05

運用戰略思考

大多數人花許多時間計畫暑假假期，
更勝於規畫自己的人生。
——無名氏

當你聽到「戰略思考」一詞時，會想到什麼？商業計畫的願景浮現在你腦海中嗎？或者是回想起歷史上一些大規模的軍事行動，像是漢尼拔（Hannibal）翻越阿爾卑斯山突襲羅馬軍隊，又或是二戰時盟軍的諾曼地登陸行動？在商業計畫和軍事行動中，戰略是非常重要的。但事實是，戰略思考可以對生活的任何領域產生積極影響。

有些人沒有計畫，大多數人都是過一天算一天，很少有人根據每一週安排自己的生活——回顧一週的行事曆、檢查約會、審視目標，然後開始工作。每週計畫的人通常比大多數按日計畫的同事表現得更好。我認為我們必須努力進一步規畫，讓我用我定期所做之事來做個說明。

在每個月初，我會花半天時間在行事曆上規畫接下來四十天的活動。四十天比三十天更適合我，因為能讓我立刻開始下個月的行動。我首先會回顧我的旅行計畫和安排家庭活動，然後回顧我想完成的計畫、課程和其他目標，接著再開始把思考、寫作、工作、與人會面的日期和時間排出去。我也會安排時間做一些娛樂活動，比如看表演、看球賽或打高爾夫球，同時也會預留一些時間因應意外狀況。當我完成之後，我幾乎可以告訴你在接下來的幾週裡，我每個小時將要做的每一件事。這是我能夠高效率工作的原因之一。戰略思考改變了我的生活，也可以改變你的生活。

戰略思考的案例研究

伊芙琳・瑞恩（Evelyn Ryan）是一九五〇年代中期俄亥俄州迪法恩斯市（Defiance, Ohio）的一位家庭主婦，她從來沒有學過開車，自從生了孩子之後，就一直是全職的家庭主婦。事實上，在她的那個年代，女性被認為應該待在家裡相夫教子。這也許不是什麼問題，只是她有十個孩子，而她丈夫在一家機械廠工作，全家靠著微薄的薪水過日子，他還是個酒鬼，每週三分之一的薪水都花在酒錢。

一九五〇年代，任何在街上見過伊芙琳．瑞恩的人，可能都不認為她是一位令人印象深刻的戰略思考者，但她確實是。她必須想辦法撫養十個孩子、打理房子、找額外收入來維持家庭生計。

伊芙琳生活在美國的那個時代，產品製造商經常贊助比賽。我是生長在那個年代的，所以我記得那些廣播和電視廣告，會邀請觀眾用不到二十五個字的字數寫下為什麼愛用汰漬洗潔精（Tide），或是為胡椒博士飲料（Dr Pepper）寫順口溜。

伊芙琳決定盡可能參加各種比賽。她天生擅長文字表達，結婚前在當地報社工作培養了這種能力，所以對她來說這個計畫似乎很合邏輯，既然她不能出去工作，不妨透過參加比賽來掙錢。

但是，在打理一家十二口、填飽肚子、和洗衣服的同時，還能夠寫出數百首詩、順口溜和廣告文宣，這需要超強的戰略。伊芙琳發展了一套精密的系統來尋找和儲存參賽申請表格及購買證明。然後，她還得一邊工作一邊寫作。為此，她隨身攜帶著筆記本，在熨燙衣服時進行她最富有成效的寫作。

伊芙琳的戰略思考並不局限於如何在空檔時間寫作，她對自己要寫的內容也很有戰略，她為任何比賽寫的文字都是經過精心鋪排。她的女兒泰莉（Terry）回憶伊芙琳是如何完成任務的：

> 正如她常說的，比賽需要的不僅僅是收集產品資訊和機靈一點，還需要考慮到形式（有些比賽要求使用特定詞語，或在參賽作品中用到產品相關詞語時加分）、產品焦點（針對家庭、年輕人、還是兒童？）和評審。聘請來評判比賽的廣告公司……對參賽者來說，總是比贊助商或產品更重要的考慮因素。每家廣告公司各有其偏好：韻文或散文，幽默或直白的內容。[1]

伊芙琳仔細研究負責比賽的每一家廣告公司的好惡，這個戰略對她來說很有用，多年來，她贏過洗衣機和乾衣機、其他幾十個大大小小的家電用品、兩輛全新轎車（他們將之出售）、許多小額獎金、以及一些高額獎金。她用第一次贏來的鉅額獎金做為買房的頭期款，讓一家十二口得以搬出原本只有兩間房的出租屋。

當一個人沒有退路的時候，沒有什麼比戰略思考更適合了。伊芙琳原本可以安於偶爾寫寫詩，發表在當地的報社，但她需要有所行動來維持家庭生計。她的女兒觀察說，「像我父親這種人和這種丈夫是永遠不會改變的，我們家唯一的希望取決於母親的改變，並培育出快樂健康的孩子。」[2]伊芙琳成功了。她不僅維持了家庭生計，還幫助家庭成功圓滿，她的七個孩子都大學畢業，一個獲得博士學位，另一個獲得法律學位。

戰略思考的案例應用

伊芙琳．瑞恩的故事給了我們一些啟發，反思一下她善用戰略思考獲益的方式：

1. 伊芙琳．瑞恩原本可以把自己當成受害者，大可以和丈夫離婚，大可以選擇放棄，或藉由毒品或酒精來逃避現實。但相反的，她堅韌地運用戰略思考來改善自己的生活。像她那樣的人和選擇消極之道的人，你認為兩者之間有什麼不同？

2. 如果伊芙琳·瑞恩在參加比賽時，沒有採取那麼多戰略思考，事情會變成什麼樣？

3. 對於伊芙琳·瑞恩所利用的比賽，你認為現代社會有沒有類似的活動呢？如果有，有人參加嗎？如今這些活動是否也需要運用戰略思考？

4. 你是否有類似伊芙琳·瑞恩迫切的經歷，正運用戰略思考來幫助你解決問題呢？如果沒有的話，你該如何創造她的那股能量和毅力，來幫助你實現個人目標和夢想？

戰略思考如何使你更加成功

戰略思考有助於一個人制定計畫、提高效率、發揮最大的優勢，並找到實現任何目標最直接的途徑。戰略思考的好處是多方面的，以下是你應該將之納入思考工具的幾個原因：

1. 戰略思考簡化困難之處

戰略思考其實無非是極度的計畫。西班牙小說家米格爾・德・塞凡提斯（Miguel de Cervantes）說過：「有備而戰的人，其實已成功了一半。」戰略思考將難以處理的複雜問題和長期目標，分解成易於管理的分量。凡事有了計畫，都會變得更簡單！

戰略思考還可以幫助你簡化日常生活的管理，我是利用系統做到這一點的，這些系統不過就是好戰略一再重複。在牧師和其他演講者當中，我的檔案管理系統很有名。寫一篇日課或演講稿可能並不容易，但我很有系統地將引文、故事和文章分類歸檔，因此，當我需要一些東西來充實或說明一個觀點時，只需要去我那一千兩百個檔案中搜尋，幾分鐘之內就能找到很好的資料。幾乎任何困難的任務都可以運用戰略思考簡化。

你發現或發展了哪些系統來幫助你在生活中變得有條理、有效率？你在哪些方面缺乏可能對你有所幫助的系統？

2. 戰略思考促使你提出正確問題

你想要分解複雜或困難的問題嗎？那就提出問題。戰略思考促使你完成提問過程。

請看一下《總體規畫》（*Masterplanning*）作者、我的朋友鮑伯・貝赫爾（Bobb Biehl）所提出的問題：

- 方向：我們下一步該怎麼做？為什麼？
- 組織：誰負責什麼？誰對誰負責？每個人是否都適才適所？
- 金錢：我們的預期收入、支出、淨利是多少？我們能夠承擔嗎？如何承擔？
- 追蹤：我們是否達到進度目標？

- 總體評估：我們是否達到了對自己的期望和要求？
- 精益求精：我們如何才能更有成果、更高效率（朝著理想邁進）？[3]

在你開始制定戰略計畫時，這些或許不是唯一需要問的問題，但絕對是一個好的開始。

利用鮑伯．貝赫爾的問題做為範本，提出一套與你的部門、組織或職業方向的願景相關的戰略問題。

3. 戰略思考採取因時制宜的行動

喬治．巴頓將軍（George S. Patton）觀察道：「成功的將軍會適應情況去制定計畫，而不是創造環境去適應計畫。」

所有優秀戰略思考者的思維都是精確的，由於戰略並不是一體適用的主張，他們會試圖去制定因應問題的戰略。草率或籠統的思考都是無法有所成就的。特別因時制宜的戰略思考，會促使一個人超脫模糊的想法，以特定方式去完成一項任務或解決一個問題。戰略思考使人頭腦清晰。

你目前面臨什麼問題或挑戰是透過一般規則、政策或程序在解決，而只要因時制宜的戰略思考就能解決得更好？多規畫一些時間在戰略思考上，並進行執行計畫所需的工作。

4. 戰略思考讓你為不確定的未來做好準備

戰略思考是一座連接你目前所在與理想未來之間的橋樑，造就了你如今的方向和可信度，也增加你未來成功的潛力。正如同瑪麗・韋伯（Mary Webb）所指出的，這有如在馬鞍備妥之後馳騁夢想。

想想你最大的夢想和抱負。你有實現它們的戰略計畫嗎？如果沒有，原因為何？戰略思考對你可能有什麼幫助？

5. 戰略思考可以減少失誤範圍

你在任何時候魯莽行事或完全採取被動模式，都會增加自己的失誤範圍，就好比一個比賽就定位的高爾夫球手，在還沒有瞄準之前就揮桿擊球，只要僅僅幾度的誤差，就足以使球偏離目標一百碼。而戰略思考可以大大減低這種失誤範圍，使你的行動與目標一致，正如在打高爾夫球時瞄準擊球有助於你將球更推近旗桿。你越是瞄準目標，朝著正確方向前進的機率就越大。

你多常利用戰略思考來幫助你實現個人職涯目標？以及你的私人生活、財務目標或娛樂活動？

6. 戰略思考能使你對他人產生影響力

有一位高階主管向另一位透露：「我們公司有短期計畫和長期計畫。我們的短期計畫就是維持夠長的時間，使它變成一個長期計畫。」這幾乎不算是一種戰略，卻正是一些企業領導人擺出的立場。這麼做其實是忽視戰略思考，所衍生的問題不止一個，不僅無法建立業務，也會失去所有業務相關人員的尊重。

不管你參與什麼樣的活動，有計畫的人就是掌握權力的人。員工希望跟隨一位商業計畫制定完整的企業領導者，志願者會想加入有良好事奉計畫的牧師行列，孩子們會想要跟隨有周密假期計畫的成年人。如果你練習戰略思考，別人會聽從你，會想跟隨你。如果你在一個組織中具領導地位，戰略思考是必不可少的。

你生活中的重要人物，如同事、老闆、員工、家人和朋友，是否認為你是個有戰略、有組織能力的人？還是比較會認為你是個衝動、不可靠的人？為什麼？這對你的個人和職業關係有何影響？

如果你變得更善於戰略思考呢？

只有在承認自己需要改進的領域，我們才有辦法改變、成長和進步。針對戰略思考能力，非常誠實地自我評估，在這方面你需要改進哪些地方？如果你開始有戰略地思考，你的人生會有什麼變化？對於你的職業生涯、人際關係、經濟、精神，會造成什麼影響？不妨花一點時間反思，並在此記錄下你的想法。

如何成為戰略思考者

要成為更好的戰略思考者，能夠制定和實施計畫，以達成理想目標，請牢記以下準則：

1. 分解問題

戰略思考的第一步是將問題分解成更小、更易於管理的部分，使你能更有效地關注每一部分。你如何分解一個問題由你自己決定，不管是按職能、時間表、責任、目的，還是其他方法。重點是你務必這麼做。只有極少數的人能在腦海中處理好一切事情，還能進行戰略性思考，制定出切實可行的計畫。

2. 先了解原因，再制定方法

當大多數人開始用戰略思考來解決問題，或想辦法達成目標時，他們往往會犯一個錯誤，那就是操之過急，想要立刻找出實現目標的方法。與其問該怎麼做，倒不如先探究原因。如果你直接進入解決問題的模式，如何能了解所有的問題呢？

鋼鐵巨頭尤金．格雷斯（Eugene G. Grace）說：「許多工程師都能夠設計橋樑、計算應變和應力，並制定機器規格，但真正偉大的工程師則是能夠判斷橋樑或機器究竟是否應該建造、該建在哪裡，以及建造時機。」

除了提出做出決策的理由之外，探究原因有助於你敞開心胸迎接各種可能性和機會。機會大小往往決定了你必須投入的資源和努力，重大的機會得做出重大的決定。如果你倉促地制定方法，可能會造成失誤。

3. 確定真正的問題和目標

《人生的事業》（*The Business of Life*，暫譯）一書作者威廉．費瑟（William Feather）表示：

「在解決問題之前，必須明確界定問題所在。」有太多人急於尋求解決方案，結果卻造成解決了錯誤的問題。為了避免這種情況，可以提出一些疑問深入探究真正的問題所在。不妨先自問：「還有什麼才是真正的問題？」你也應該排除任何個人因素，畢竟，那會嚴重影響你的判斷。

釐清你的現實情況和目標是成功的重要關鍵。一旦確定了真正的問題所在，找出解決方案就很容易了。

4. 盤點現有的資源

我已經提過了解現有資源有多麼重要，但值得再次強調。沒有考慮資源的戰略注定要失敗。盤點一下現有資源。你有多少時間？多少財源？有什麼樣的資料、供應用品或存貨？還有什麼其他資產？哪些責任或義務會發揮作用？團隊中哪些人能產生影響力？你了解自己的組織和專業，不妨弄清楚有什麼資源可供你支配。

5. 制定計畫

你要如何制定一個計畫，主要取決於你的專業領域，以及你打算要應付的挑戰之大小，因此很難提供許多具體的建議。然而，不管你打算如何計畫，請接受以下建議：**從最顯而易見的事情開始著手**。當你以這種方式處理問題或計畫時，會給團隊帶來團結和共識，因為每個人都看得到這些事。顯而易見的元素可以建立精神動力、激發創造力和強度。處理複雜事物最好的方法就是以最基本的事為基礎。

6. 讓每個人適才適所

把你的團隊成員納入戰略思考的一部分是很重要的。如果你不考慮人的因素，即使是最好的戰略思考也無濟於事。看看如果你估算錯誤會發生什麼事：

- **錯誤的人**：出問題，而不是發揮潛力
- **錯誤的位置**：造成挫折，而不是成就感
- **錯誤的計畫**：造成災難，而不是成長

然而，當你結合了這三個要素：合適的人、合適的職務、正確的計畫，一切自然就會水到渠成。

7. 不斷重複此一過程

我的朋友奧蘭．亨德里克斯（Olan Hendrix）評論說道：「戰略思考就像洗澡一樣——**你必須持續進行**。」一些日常小事，比如整理檔案、清潔打掃、規畫行事曆、購物等，可以透過系統和個人紀律輕鬆完成。但重大問題需要重大的戰略思考時間。傳奇足球教練菲爾丁．約斯特（Fielding Yost）說的一點也沒錯：「除非你有意願去準備，否則獲勝的意願一文不值。」如果你想成為一個有成效的戰略思考者，就必須持續不斷進行戰略思考。

戰略思考行動計畫

1. **先制定個人戰略：**你目前所做的事情，有沒有哪些在戰略上是不明智的？你可能花了不該花的時間在自己微弱的領域上。不妨花點時間建立一份個人優勢清單，對照你的日程表、待辦事項列表，或是一個月的活動日誌。如果你的才能和資源與你的活動並不相配，那就需要弄清楚該如何轉變，即使這代表該換個工作、換組織，或換職業。

2. **總是問為什麼：**你是否可能錯過了機會，只因為太迫切尋求方法，而不是先探索原因？

想想你目前計畫的主要目標。在接下來的一週，每天預留一個小時，只問「為什麼與目標有關」的問題。有些時候你可以邀請別人和你一起集思廣益，但大部分時間你要獨自思考。特別留意任何可能已經出現而你還沒有注意到的機會。不妨每週在個人行事曆上預留戰略思考的時間，你會很驚訝一、兩個小時的思考對生產力的影響。

3. 直覺與戰略平衡兼顧：大多數人不是傾向直覺就是傾向戰略，兩者都很重要。大多時候你想發揮你的力量，然而，即使是直覺很敏銳的人也不應該忽視戰略。如果一個過程或問題是龐大而複雜的，就算你十分確定自己的直覺是正確的，也該將之分解成更小的部分，即使這對你沒有幫助，也會幫助許多你所領導的人。

4. 尋找戰略指導老師：試著找一位比你更有戰略思考能力的人。如果你常常誤判問題、用了錯誤的解決方案，就非常需要一位優秀的戰略思考者的幫助。找一位智慧和洞察力令你欽佩並有經驗成功解決問題的人，請這位指導者參加解決問題的會議，從旁觀察，針對問題向他徵詢意見，學習這個人的思考方式，藉此開始發展類似的思考戰略。

戰略思考練習

1. 在下面空行中，用一句話陳述你的目標。
2. 列出達成目標所需的前五個行動項目。
3. 針對這五個行動項目，逐一列出你需要採取的前三個步驟。

我的目標：

______

行動項目：

A. ______

1. ______

2. ______

3.

B.

1.

2.

3.

C.

1.

2.

3.

D.

1.

2.

3.

E.

1.

2.

3.

戰略思考討論問題

1. 你如何定義戰略思考？
2. 在你的職業或領域中，戰略思考發揮什麼作用？
3. 有些人把戰略（strategy）和戰術（tactics）區分開來，前者是事先制定的總體計畫，後者是在計畫實施過程中為適應當前情況而採取的行動。你比較擅長哪一項？
4. 在與人合作時，戰略思考扮演什麼角色？在人的身上運用戰略是一種操縱嗎？如果不是，為什麼不是呢？如果是的話，什麼情況下會變成操縱？
5. 你比較願意制定戰略還是與人合作？為什麼？
6. 你認為自己戰略思考的能力有多高？你的自我評估是以什麼為根據？你最擅長哪一方面的戰略思考？
7. 提高你自己的戰略思考能力最佳方法是什麼？
8. 讓擅長戰略思考的人與不擅長的人一起合作有什麼好處？在你的領域，你看到建立這種合作關係的潛力了嗎？你會把哪些人放在一起，使他們本人和組織都受益？

06

探索可能性思考

看到別人做了你說做不到的事情，
沒有什麼比這更尷尬的了。
——山姆·尤因 (Sam Ewing)

一九七〇年，在我二十三歲的時候，我讀了一本對我的夢想產生重大影響的書，那是羅伯特·舒勒（Robert Schuller）的著作《推進可能性思考》（*Move Ahead with Possibility Thinking*，暫譯）。我當時是個年輕牧師，在我的第一個教會服務，當我讀到舒勒完成幾乎不可能的任務，在加州園林市（Garden Grove）建造一座巨大的教堂時，我非常激動，讀到「最偉大的教會尚未組織起來」這句話時，我的世界就此改變。

我從小就是個積極的人，畢竟，在我成長的家庭裡，我父親就是一位自學成才的積極思考者。但舒勒的書仍然對我的人生產生了巨大的影響。在我讀到這些話的那天，我自認為最瘋狂的夢想突然間顯得平淡無奇。如果你接受可能性思考，你的夢想就會從小丘陵變成一座大山，因為你**相信發展的可能性，等於給了自己實現夢想的機會**。

可能性思考的案例研究

一九七五年，電影製作人喬治・盧卡斯（George Lucas）去拜訪特效專家道格・特朗布爾（Doug Trumbull），此人曾參與過《二〇〇一太空漫遊》（*2001: A Space Odyssey*）的拍攝，這是第一部給太空旅行帶來真實感和視覺效果的電影。盧卡斯有一個願景，他想拍一部以科幻故事為背景的新電影，有驚心動魄的冒險、亞瑟王傳奇式的探索和西部牛仔式的對決，集一切之大成。盧卡斯去找特朗布爾討論，是因為他想創造出太空船疾速飛行於太空中，類似於拍攝飛機空戰的場景。這是以前從來沒有人實現過的。在那個時期，太空電影看起來要不就是像原始、技術不成熟的《星際爭霸戰》（*Star Trek*）電視連續劇，要不就是緩慢但寫實的《二〇〇一太空漫遊》。

作家兼電影製片人湯瑪斯・史密斯（Thomas G. Smith）在好萊塢是特效單位的負責人，他說：「這些經驗老道的視覺特效人員並不把盧卡斯當回事。他們告訴他，這麼快速的移動會在螢幕上造成頻閃效果。」[1]換句話說，他們對年輕的盧卡斯說，就技術層面而言這是不可行的，根本不可能辦到，隨即打發他離開。

盧卡斯並不打算放棄，在他的腦海裡，他能看見他想要的效果，也相信這是可以做到的。他聘請了曾與特朗布爾共事過的一位年輕的電影工作者約翰．戴克斯特拉（John Dykstra），並成立了自己的特效公司，以便製作出他想要的影像，他將公司命名為「光影魔幻工業公司」（Industrial Light and Magic, ILM）。

戴克斯特拉有一些電影製作時運用電腦的經驗，他與一組技術人員合作，設計並成立了一個工作室，隨即開始致力於完成不可能的任務。他們透過精密思考和反覆試驗，花了將近兩年的時間創造出盧卡斯想要的東西，產生了《星際大戰》（*Star Wars*）這部電影，在當時，這是有史以來技術上最創新的電影。當這部電影票房大賣的時候，盧卡斯意識到他可以利用自己為製作電影特效而專門成立的光影魔幻工業公司，完成心中想像的《星際大戰》系列電影。在這段過程中，光影魔幻工業公司也有了更寬廣的發展，成了一家使其他電影人的夢想得以實現的公司——具體落實各種想像的可能性。

三十多年來，光影魔幻工業公司為電影特效設定了標準，史上票房最高的十部電影中，就有八部是由其提供特效，同時也獲得了十二項奧斯卡金像獎。但最重要的是，這是喬治．

盧卡斯幫助自己實現夢想的工具。科技不斷進步，特效也越來越複雜，但公司的潛在能力從未追上盧卡斯想像中的可能性。

一九九〇年代末，盧卡斯開始籌備《星際大戰》三部曲中的第一部電影，他又想再一次完成不可能的任務。「當我們開始《星際大戰首部曲：威脅潛伏》（*Episode I: The Phantom Menace*）時，我們說，『好吧，我們現在要照著心裡一直想要的方式去做。我們有錢、有必要的知識——就這麼辦。』」[2] 盧卡斯表示，訣竅在「了解這兩者之間的區別：**不可能辦到的事，不等同於以前未曾做過或想像過的事。**」[3] 對盧卡斯而言，大多數事情都是從未做過或想像過的，因為他認為任何事都是有可能的。對於支持可能性思考的人來說，正是如此。

可能性思考的案例應用

許多有創造力的人似乎擁有駕馭可能性思考的能力。針對喬治・盧卡斯和《星際大戰》的故事，請回答下列問題：

1. 《星際大戰》電影對你個人有什麼影響力嗎？若有，請說明。

2. 大家如今看到的許多電影，都運用了由《星際大戰》發展出來的特效。你了解那部電影的創新特質及其對電影業造成的影響嗎？可能性思考從中發揮了什麼影響力？如果不是喬治．盧卡斯，如今的電影業會有什麼不同呢？

3. 你認為可能性思考對誰來說更加困難？有遠見的電影製作人還是創造科技的技術專家？

4. 夢想願景的大小與執行所需的創新程度，兩者之間是否相關？還有哪些關鍵因素？

可能性思考如何使你更加成功

接受可能性思考的人能夠完成看似不可能的任務，因為他們相信解決方案。成為可能性思考者將會為你帶來以下幾點好處：

1. 可能性思考提升個人發展潛力

當你深信自己能完成一件困難之事，而且真的辦到了，就會有很多扇門為你敞開。儘管有人說喬治．盧卡斯想像的特效不可能實現，當他成功拍出《星際大戰》之後，也為他開啟未來許多的可能性。他為了創造那些「不可能」的特效所成立的光影魔幻工業公司，變成其他拍片計畫的收入來源，他的電影所衍生出的廣告周邊商品，也為他帶來另一波資助電影製作的收入來源。他完成艱鉅任務的自信心，更是對其他電影製作人和全新世代的電影觀眾產生了巨大的影響。

流行文化作家克里斯·薩萊維茨（Chris Salewicz）宣稱，「一開始直接透過他個人的作品，隨後透過光影魔幻工業公司無與倫比的影響，喬治·盧卡斯二十年來主宰著何謂電影的基本廣義概念。」[4] 如果你敞開心扉接受可能性思考，就等於開啟自己無限的發展潛力。

談到你的夢想時，你接受否定回答的可能性有多高？當別人告訴你這不可能辦到時，你會很輕易地就放棄嗎？還是這種阻力反而會成為你的動力呢？請說明一下。

---

2. 可能性思考會帶給你機會並吸引他人

喬治·盧卡斯的例子有助於你了解可能性思考者如何創造新的機會和吸引別人。思想遠大的人會吸引優秀人才。如果你想成就大事，就需要成為可能性思考者。

什麼樣的人會被你吸引？他們是積極的還是消極的人？你的回答反映出你目前抱持什麼樣的態度？

3. 可能性思考提升別人的可能性

成功實踐的大思想家也為其他人創造了可能性，一部分是因為這是具有感染力的。當你身邊環繞著一群可能性思考者，你自然會變得更有自信、思考格局更廣。

在你的人生中，有哪些人曾幫助你創造機會，是因為他們本身積極的態度，還是因為他們特別信任你？這產生了什麼樣的影響？

4. 可能性思考讓你有遠大的夢想

不管你從事什麼職業，可能性思考都能幫助你開闊視野、懷抱更遠大的夢想。大衛·施瓦茨教授（David J. Schwartz）認為，「大思想家都是善於在個人和他人的腦海中創造出積極、具前瞻性、樂觀想像的專家。」如果你接受可能性思考，你的夢想就會從小丘陵變成一座大山，因為你相信發展的可能性，等於給了自己實現夢想的機會。

敞開心扉接受巨大的可能性。如果相信自己絕不會失敗，你會擁抱何其遠大的夢想？

---

5. 可能性思考使人超越平凡

在一九七〇年代，當油價飆升時，汽車製造商被要求提高汽車的省油效率。一家製造商要求一群資深工程師大幅減輕他們設計的汽車重量，他們致力於處理這個問題，並尋找解決方案，但最終得出結論，製造更輕的汽車是不可能的，成本太高，而且會帶來太多安全問題。

汽車製造商的解決方案是什麼？把問題交給一群比較沒有經驗的工程師。新的小組找到一個方法，將公司汽車重量減輕了數百磅，因為他們相信解決這個問題是可能的，也辦到了。每次你將一項任務**除去「不可能」的標籤，你就能發揮潛力**，超越平凡，有優異的表現。

在你的生活當中哪方面你最需要可能性思考？哪些地方讓你覺得你幾乎沒有選擇或機會？你最希望看到你的未來在哪方面更開拓？

6. 可能性思考為你注入活力

可能性思考與一個人的活力直接相關。誰會因為快要輸球而變得精力充沛呢？如果你知道某件事無法成功，還會願意付出多少時間和精力呢？沒有人會想做注定失敗的事。你會將心力投注在你認為可以成功的事情上。當你擁抱可能性思考時，你相信自己正在做的事情，這會為你注入活力。

你覺得自己在生活中哪個方面最需要活力？你有沒有想過缺乏希望可能是你活力不足的原因？請說明。

7. 可能性思考使你不輕言放棄

最重要的是，可能性思考者相信他們能成功。《成功心理學》（*The Psychology of Winning*）一書作者丹尼斯・魏特利（Denis Waitley）表示：「人生中的贏家總是從『我能、我會、我是』的角度思考問題。反之，失敗者覺醒時想法都只集中在該做而未做或不做的事。」如果你相信自己辦不到，那麼你再怎麼努力都沒有用，因為你已經輸了。如果你相信自己能辦到，就已經贏了一大半了。

一般來說，你的時間和精力有多大比例投注在過去與懊悔當中？有多大比例是在關注當下？而關注未來可能性的百分比又是多少？請填寫下方的圓餅圖。

＿＿＿＿%過去

＿＿＿＿%現在

＿＿＿＿%未來

現在，想一想你目前所關注之事與未來的可能性有多麼相關（相較於那些單純為了維生而必須做的事情）。如果現在的任務和未來的可能性之間沒有很強的相關性，你可能需要大幅增加你的可能性思考。

如果你變得更善於可能性思考呢？

只有在承認自己需要改進的領域，我們才有辦法改變、成長和進步。針對可能性思考能力，非常誠實地自我評估，在這方面你需要改進哪些地方？如果你開始更積極正向思考，你的人生會有什麼變化？對於你的職業生涯、人際關係、經濟、精神，會造成什麼影響？

不妨花一點時間反思，並在此記錄下你的想法。

如何成為可能性思考者

如果你天生就是個積極樂觀的人，本來就喜歡思考各種可能性，那麼你一定認同我所說的。然而，如果你的想法向來比較悲觀，請容我問你一個問題：你認識的成功人士當中，有多少人總是很消極？認為凡事都不可能辦到，卻有偉大成就的人，又有幾位？想必是一個都沒有！

凡事抱持「辦不到」心態的人有兩種選擇，一是預期最壞的情況，也不斷有此經歷；或是改變自己的想法，喬治．盧卡斯就是這麼做的。信不信由你，雖然他是一個可能性思考者，卻不是天生積極的人。他說：「我非常憤世嫉俗，因此，我的因應之道就是保持樂觀。」[5]換句話說，他選擇要積極思考。

如果你想讓可能性思考發揮作用，不妨從以下的建議開始：

1. 不要執著認為絕無可能

成為可能性思考者的第一步就是，不讓自己搜尋或糾結於任何特定情況下出現的問題。運動心理學家鮑勃．羅特拉（Bob Rotella）表示：「我告訴別人：如果你不想進行積極的思考也沒關係，**只要將所有負面想法從腦海中清除，剩下的一切都是好的**。」如果可能性思考對你而言很陌生，你就必須對自己加強訓練，消除一些可能在腦海中聽到的負面聲音。當你不自主地開始列出所有可能出錯的事情，或是無法辦到的種種原因時，不妨提醒自己「不要這樣想」，接著自問「這件事有什麼好處？」這麼做會對你有所幫助的。如果消極情緒對你來說真的是一大問題，悲觀的想法在你還沒想清楚之前就從嘴裡冒出來了，你可能需要尋求朋友或家人的幫助，在你每次說出消極的想法時提醒你。

2. 遠離所謂的「專家」

批評家們通常喜歡自詡為專家，他們比任何人都更會扼殺別人的夢想。反之，可能性思考者則是不輕易將任何事情視為不可能。火箭先驅華納．馮．布朗（Wernher von Braun）曾說：「我已經學會了要慎重使用『不可能』一詞。」如果你覺得必須接受專家的建議，不妨牢記約翰．安德魯．霍姆斯（John Andrew Holmes）的話，以增強你的決心，他說：「絕對不要告訴一個年輕人某件事不可能辦到。上帝可能已經等了好幾世紀，盼著一個知其不可而為之的人出現。」如果你想實現某件事，先讓自己相信它是可能的——不管專家怎麼說。

3. 無論任何情況都要尋找可能性

成為可能性思考者不僅僅是不讓自己做個消極之人，更是無論如何都要尋找積極的可能性。我最近聽到沃爾瑪零售企業（Wal-Mart）前總裁唐．索德奎斯特（Don Soderquist）講了一個精彩的故事，證明人不管在任何情況下都能找到積極的可能性。索德奎斯特和創辦人山姆．沃爾頓（Sam Walton）去了阿拉巴馬州的亨茨維爾（Huntsville）為幾家新店開幕。當時，沃爾頓提議去參觀當地競爭對手的商店。在他們參觀的第一家商店，索德奎斯特對於店內的雜亂、骯髒以及稀少的顧客和員工感到震驚。

他們後來在外面的人行道會合時，他對沃爾頓表達吃驚之意。但沃爾頓立刻問道：「唐，你看到褲襪架了嗎？」索德奎斯特困惑不解，沃爾頓接著說道，「我們回去之後，我要請你打電話給那家製造商，讓他……把那個貨架安裝在我們店裡，那絕對是我見過最好的。」接著，沃爾頓指出了化妝品展示區，特別是針對膚色較深的客戶群，他問道：「你有看到民族特色化妝品嗎？我們店裡的民族化妝品陳列只有四英尺長，這裡卻長達十二英尺。我記下了其中一些產品的經銷商，我們回去的時候，我要你聯繫一下公司的化妝品採購員，安排進貨，我們絕對需要擴大民族特色化妝品。」

沃爾頓那天去的是同一家商店，卻專注於不同的事情，索德奎斯特解釋說：「觀察別人哪裡做得不好是很容易的事，但他讓我明白了一個領導者的遠見卓識特質，我永遠不會忘記，就是學習別人優秀的長處，並加以應用。」[6]

在任何情況下都能找到可能性，並不需要有天才的智商或二十年的經驗，只要有正確的心態就行了，任何人都可以培養這種態度。

4. 懷抱更遠大的夢想

培養可能性思維最好的方法之一，就是敦促自己懷抱更遠大的夢想。我們面對現實吧，大多數人的夢想都太渺小了，都有點妄自菲薄。亨利・柯蒂斯（Henry Curtis）建議：「讓你的計畫盡可能精彩，因為二十五年後，它們會顯得平庸。讓你的計畫比原先所想的大十倍，二十五年之後，你必然會納悶當初為什麼不將計畫擴大五十倍呢。」

如果你讓自己邁向更廣闊的夢想，想像的組織規模更大一點，讓你的目標跨出自己的舒適圈至少一小步，這將會敦促你成長，讓你相信更大的發展潛能。

5. 質疑現狀

大多數人都希望不斷改善自己的生活，但同時也重視平靜與穩定。然而，你不可能要求改善，同時又想維持現狀。成長意味著改變，而改變需要挑戰現狀。如果你想要更大的發展潛力，就不能安於目前所擁有的一切。

當你為你自己、你的組織或你的家人探索更大的可能性時，要知道一定會有人向你提出挑戰，但是不妨也想想，在你此刻閱讀本文之際，全國和世界各地有許多可能性思考者，正在思考如何治療癌症、開發新能源、解決飢餓問題、提高生活品質。他們都在不畏艱難地挑戰現狀——你也應該這麼做。

6. 從卓越人物身上尋找靈感

透過研究成就卓越的人物，你就會比較了解可能性思考。前文提到的喬治．盧卡斯也許對你沒有吸引力，或是你不喜歡電影業（我本人雖然不是一個科幻迷，但我欽佩盧卡斯是一位思想家、成功的商人、有創意的遠見。他的電影也很有趣）。找一些你欣賞的成功人士，深入了解他們。尋找像甘迺迪這種態度的人，他曾改編愛爾蘭劇作家蕭伯納的名言說道：「有些人看到眼前存在的事物，會問『為何如此？』而我則是夢想未曾存在的事物，會問『何不如此？』」

可能性思考行動計畫

1. 改變你的注意力：你的思維通常往哪裡去？你關注可能性嗎？你是否夢想自己的努力付出會得到積極的回報，還是自然而然就想到所有可能出錯的事呢？

一些天生善於現實思考的人，會在可能性思考方面遇到困難。如果你正是如此，那麼你需要改變你的注意力。你還是可以考慮最壞的情況，但是你必須固定做到額外的兩件事。首先，對於思考最好的和最壞的情況給予同樣多的時間，這應該有助於防止你過於消極。

第二，運用正向思考為你發現的最壞情況提出解決方案。只要能多多做到這一點，就能讓自己變得更加積極。

2. 夢想遠大：如果你天生就喜歡遠大的夢想，太棒了，繼續做夢，務必把那些夢想寫下來。如果你不習慣做大夢，不妨從現在開始吧。給自己夢想的時間，敞開你的心，必要時，回憶一下你童年時期的夢想。你真正想做的是什麼？重拾這些想法，深入探索，再次夢想。重點是要重新開始懷抱夢想。

或許，你早年的夢想現在不可能實現（其實只要你願意並有能力付出代價的話，很多夢想是可行的），所以，不妨專注於你現在真正想做的事情。你的夢想是什麼？如果沒有害怕失敗或怕被嘲笑，你如今會有什麼成就？把它一一寫下來，然後開始思考該如何實現夢想。

3. 避開消極之人：這個世界充滿了夢想殺手和習慣性消極的人，如果你想成為可能性思考者，就需要盡可能避開這種人。如果免不了，不妨盡量減少與他們接觸。你絕對要避免和他們分享你的夢想。

如果這個消極的人是親密的家庭成員，這條規則就出現例外。如果你的配偶或孩子是極度消極之人，你們就需要共同努力，試圖減少他們的消極心態。這並不容易辦到，但絕對值得努力去做。

4. **閱讀樂觀人士的勵志故事：**本週，閱讀一本你所崇拜的人的傳記。如果行有餘力，閱讀兩、三本關於同一個人的書。記下那個人在生活中是如何充分運用可能性思考的。再從此人的生活中找出三到五個原則或作法，應用在自己身上。

可能性思考練習

1. 寫下你一直在努力解決，但似乎無法解決的問題。

2. 完成下列句子：

如果……會怎樣

1. 你認為可能性思考和積極思考有什麼區別嗎？請說明。
2. 你對於可能性思考者有什麼看法？你認為他們的積極態度過於天真，還是認為他們會是更容易達成目標的人？
3. 你最欣賞的積極樂觀的人是誰？請描述一下這個人。
4. 可能性思考真的會增加你成功的機會嗎？還是你認為這只是在自欺欺人，讓自己免於陷入低落或沮喪的情緒？
5. 在可能性思考和一個人解決問題的能力之間，你是否看到任何相關性？
6. 你可曾試圖平衡可能性思考和現實思考？若有，是什麼經驗？有多成功？
7. 當別人在談論積極的可能性時，你比較傾向於支持或批判（無論是公開或是在腦海中）？你認為自己為什麼會有此反應呢？
8. 即使面對別人的冷嘲熱諷或批評，你是否願意尋找、分享和提升發展潛能？如果不願意，你認為這將如何影響你的生活和事業？

07

從反省思考中學習

懷疑一切跟相信一切是同等廉價的解決之道：
這麼一來都不需要反思了。
——朱爾．亨利．龐加萊（Jules-Henri Poincaré，法國數學家）

我們的社會步調並不鼓勵反省思考，大多數人寧願行動也不願思考。可別誤會我，我是一個行動派，總是精力旺盛，也喜歡看到事情完成，但我也是一個喜歡反思的人。我的目標是從自己的成功和錯誤中汲取教訓，發現自己應該重複做哪些事，並確認該做什麼改變。反省思考一直都是很寶貴的訓練，透過回顧過去的情況，你在思考時會有更好的理解。

最終，反省思考有三個主要價值：它提供思考脈絡、使整個人生保持關聯性、對未來提供建議和方向。我認為它是我個人成長的寶貴工具，相信對你也是如此。人生中很少有什麼方法能像反省思考一樣，幫助一個人學習和改進。

反省思考的案例研究

我在撰寫本章的時候，坐在家裡辦公室的書桌旁，周圍都是能夠幫助我不斷反思、快速有效完成工作的擺設。

在我書桌的左側有許多資料夾，都是我目前正在進行中的計畫。每個資料夾都有不同顏色，方便我快速識別。綠色針對目前的教學和寫作提供想法、引文和故事。紫色代表與我公司相關的個人問題和意見。藍色資料夾包含我為下一本書收集的點子。每個資料夾外面都有一張手寫的問題清單以刺激我的思考，或是讓我在收集想法時掌握重點。

在我的書桌遠端，我面對的是我親愛家人的照片，有我妻子瑪格麗特幾年前去歐洲旅行時所拍的、寶貝女兒伊莉莎白高中時的照片、我和兒子喬爾．波特站在英國約翰．韋斯利紀念碑旁的合照。還有兩個孩子及其配偶的最新照片——伊莉莎白和史蒂夫，喬爾．波特和伊莉莎白（是啊，我們女兒和兒媳兩人同名，著實令人困惑）。當然，還有很多我孫子、孫女的照片，他們可是爺爺的心肝寶貝！每當我看著這些照片時，會不斷回想起我生命中最重要的事情。

在我書桌右側的資料夾，存放著我今年主要的演講課程。我喜歡讓這些資料近在眼前，方便我不斷更新或引用。我在接下來的兩個星期內要主持的活動，都存放在黃色資料夾中，讓我可以對此投注更多的心力。

在我眼前，有三件觸手可及的物品。第一是我正在使用的便箋簿，任何我目前進行中的計畫，都是我當下專注的重點，即使我早上去赴約，或是收工休息，我都希望能夠隨時深入了解資料。旁邊還有我的溝通便條本，如果我突然想到要和瑪格麗特分享什麼經歷，或是要提醒自己告訴助手琳達某件事情，我都會記在這裡。第三件是一個皮革裝訂的小本子，我稱之為點子本，用來捕捉一天中的靈感（我嘗試每天產生一個正面的想法），或是任何值得反思之事。

我喜歡把我的書桌想像成一個火爐，上面總是燉煮好多樣東西，各自有其地位及特定的時機，我可能讓已經燉了好幾天、好幾週、甚至好幾個月的「鍋」，從次要地位轉移成首要任務，進而積極地處理，甚至完成。

反省思考是我生活中的重要部分，數十年如一日。我總是不斷反省、回顧我的生活，以便藉此不斷成長，並慶祝勝利。在我成為牧師的時候，養成了這種反省思考的習慣。為了因應教會每週固定的活動，我每到週日晚上都會花時間回顧前一週，反思週末活動的成效，評估一切，為下一週做準備。親身體驗到反省的寶貴之處後，我開始每天至少花幾分鐘回顧思考，每次都會問自己三個問題：

- 我今天學到了什麼？
- 我應該分享什麼？
- 我必須做什麼？

我發現，探究這些問題有助於我嚴守紀律，並對自己的時間安排負責。

每年到了十二月底，我都會花時間反省過去一整年。首先，我匯整一年的行事曆，檢視自己的時間安排。我會思考、消化、祈禱這一年，隨後將一些想法記錄在紙上。

在經歷這個過程時，我的目標是回顧過去一年的生活，從自己的成功和錯誤中汲取教訓，發掘明年應該重複做哪些事，並確認該做什麼改變。這一直都是很寶貴的過程，透過回顧過去的情況，你會得到更深入的思考。反省思考就像是心靈的慢燉鍋，鼓勵你慢慢醞釀自己的想法，直到成形。

反省思考的案例應用

根據我的反省思考方法這個案例，請回答下列問題：

1. 在本章中，作者對於反省思考提出非常私人的方法。你認為他為什麼要這麼做？

2. 你認為作者為什麼要在反省思考的地方放這麼多照片？如果你有一個特定的思考之地，你會擺放什麼東西？為什麼選擇這些物品？

3. 對於作者的寫作和演講專業，反省思考發揮什麼功用？它對你的職業又有什麼功用？如果你通常認為它對你的工作並不重要，有沒有辦法將之納入成為你的優勢呢？

4. 作者提到他做牧師時，每天晚上、每週、每年年底都會反省思考一下。你的生活中，多久會讓你自然想要反省思考呢？怎麼樣才能讓你更能充分利用反思？

反省思考如何使你更加成功

大多數人不會花太多時間去反省思考。為什麼呢？因為聽起來很無趣。對大多數人而言，有系統地回顧自己的錯誤和問題一點吸引力都沒有，但是這麼做卻能為人生帶來巨大的回報。原因如下：

1. 反省思考能給你真實的觀點

當孩子還小，還住在家裡的時候，我們每年都會帶他們去度假。假期結束回家之後，孩子們都知道我會問他們兩個問題：「你最喜歡什麼？」和「你學到了什麼？」不管是去迪士尼樂園還是華盛頓特區都一樣。

我為什麼總是提出那些問題呢？因為我想讓他們反思自己的經歷。除非受到督促，否則孩子們不會自行理解一個經歷衍生的價值（或花費），只會把一切視為理所當然。我希望孩子對這些旅行體驗心存感激並從中學習。一個人在反思的時候，就能夠正確地看待一段經歷、評估它的時機，也能對以前未曾注意到的事有了全新的欣賞。大多數人只有在自己成為父母之後，才體會到父母或其他人的犧牲，這就是反省思考帶來的觀點。

你在生活當中哪方面需要更好的洞察力？你把哪些人或哪些事視為理所當然？針對這些地方，多付出一些反省思考的時間。

2. 反省思考為你的思想生活帶來情感完整

很少有人能在情緒激動當下有好的觀點。大多數享受刺激體驗的人，都會試著回去重新體驗，而不是先嘗試評估（這正是我們的文化產生這麼多尋求刺激的人的原因之一）。同樣的，那些在創傷經歷中倖存下來的人，通常會不惜一切代價避免類似的情況，這有時會使他們陷入情感癥結。

反省思考能讓你遠離那些極好或極壞經歷所衍生的強烈情緒，並以全新的眼光看待之。你可以用比較成熟的角度看待過去的快感，從事實和邏輯的角度檢視悲劇。反思過程可以幫助一個人不再背負一堆消極的情感負擔。

華盛頓總統指出：「我們不該回首往事，除非是為了從過去的錯誤中吸取有益的教訓，並從寶貴的經驗中獲益。」任何能夠禁得起真理考驗並且歷久不衰的感覺，都是完整的情感，因此值得你用心去體會。

是否有一種正向的情緒體驗，是你一直想要重新獲得的？你渴望重獲的心態是否健康？反思一下你的經歷，以及你為重拾那種感覺而採取的行動。評估一下，以確定你是否需要改變你的行為。

是否有什麼負面的情緒體驗，造成你刻意避開別人或某些情況？你的回避行為是明智的還是不健康的？反思一下，並決定自己今後該怎麼做。

3. 反省思考能增強你的決策信心

你是否曾經倉促地下判斷，然後懷疑自己的決定是否正確？每個人都有。反省思考有助於消除這種疑慮，也讓你對下一個決策充滿信心。

一旦你反思過一個問題，當你再次面對它時，就不必重複每一步的思考過程。以前反省思考過，就在腦海裡留下足跡，這會縮短和加快思考時間，給你信心，隨著時間發展，也能夠加強你的直覺。

花一點時間反思，評估你最近所做的一個重大決定。這個決定是正確的嗎？你有沒有採用什麼決策流程？這個流程是你可以重複運用的嗎？未來有沒有可能出現類似的情況，能夠讓你再次運用此一流程，以節省你的時間和精力？

---

4. 反省思考能夠釐清全貌

當你進行反省思考時，你可以把想法和經驗放在更正確的脈絡。反省思考鼓勵我們回顧過去，花時間想想我們曾做過什麼、結果如何。如果一個失業的人反思所發生之事，他可能會看清造成他被解雇的一些事件，會更明白發生了什麼事、被解雇的原因、哪些事情是他的責任。如果他也回顧事後發生的事情，他可能會發現到，在整個發展過程中，新的職務更適合他，因為更符合他的技能和願望。如果沒有反省思考，就很難看清全貌。

預留一些時間回顧你前一週、前一個月和前一年的生活，利用行事曆來提醒你自己，如果你有習慣記錄待辦事項清單或寫下目標，也可以好好利用。評估你過去的努力，不僅只是根據工作描述或設定的目標，更要根據你的希望、夢想、使命、目的，看看自己在這些方面的表現如何？

---

5. 反省思考將個人經歷轉化成寶貴的經驗

當你的職業生涯剛起步時，似乎很少有人願意給沒經驗的新鮮人一個機會？同時，你是否也見過已經工作了二十年，表現卻還是很差的人？如果是的話，你可能會感到很沮喪。

劇作家莎士比亞寫到：「經驗是一顆寶石，本該如此，因為它常付出極大的代價得來。」然而，單憑經驗並不能為生命增加價值，經驗本身不見得有價值，而是人們從經驗中獲得的洞察力。反省思考將經驗轉化為洞察力。

馬克吐溫說：「我們應該從一個經驗中謹慎汲取其中的智慧，勿過度執著；免得我們像坐在熱爐蓋上的貓一樣，她從此不敢坐在熱爐蓋上，這很好，但她也絕不再坐在冷爐蓋上了。」[1]當一個經驗使我們學習到或準備好去迎接新的經歷時，就變得有價值了。反省思考有助於做到這一點。

找出你過去一年中最好的經歷之一。你花了多少時間分析它？並非只是單純回憶所發生之事，而是仔細評估？預留一些時間批評分析、想清楚，再根據你所學到的，確定自己需要做些什麼，以便將來能有類似的正面經驗。

如果你變得更善於反省思考呢？

只有在承認自己需要改進的領域，我們才有辦法改變、成長和進步。針對反省思考能力，非常誠實地自我評估，在這方面你需要改進哪些地方？如果你開始多加反省思考，你的人生會有什麼變化？對於你的職業生涯、人際關係、經濟、精神，會造成什麼影響？不妨花一點時間反思，並在此記錄下你的想法。

如何成為反省思考者？

如果你和現今社會中大多數人一樣，你可能很少進行反省思考。果真如此的話，這對你個人發展造成的阻礙可能超乎你的想像。請牢記以下的建議，以提高你的反思能力：

1. 預留反省思考的時間

希臘哲學家蘇格拉底觀察到：「未經審視的生命是不值得活的。」然而，對大多數人來說，反思和自我反省並不是自然發生的。基於許多原因，這可能是個令人不自在的活動：人們很難集中注意力，覺得這個過程枯燥乏味，或是不喜歡花太多時間思考情感上的難題。正因如此，如果你想要進行任何反省思考，就必須特別為此預留時間。

2. 切莫讓自己分心

和任何其他類型的思考一樣，反思也需要獨處。分心和反省是不能相容的，在電視機旁、小隔間裡、電話鈴響的時候，或是和孩子們同處一室時，是沒辦法好好進行反省思考的。

為了做到這一點，我經常會留一小段時間讓自己遠離分心之事：在後院石塊上待一個小時、在辦公室舒適的椅子上坐上幾個小時，或是游泳的時候。地點並不重要，只要你能讓自己集中注意力，不受外界干擾。

3. 定期回顧個人行事曆或日記

大多數人把行事曆做為一種規畫的工具，也的確是如此，但卻很少有人把它當成反省思考的工具。然而，除了日記之外，還有什麼更能幫助你回顧去過的地方和做過的事？

行事曆和日記會提醒你的時間運用方式，顯示你的活動是否符合優先順序，幫助你看清自己是否有所進展。這些記錄也提供你一個機會，得以回顧以前可能沒有時間反思的活動。一些你曾經有過十分寶貴但可能被遺忘的想法，只因為你沒有時間好好反省思考。

4. 提出正確的問題

你從反省思考中獲得的價值，將取決於你對自己提出的問題。問題越好，你從反思中挖掘的寶藏就越多。我在反省思考時，會從我的價值觀、人際關係和經歷來思考。以下是一些問題範例：

- **個人成長**：我今天學到了什麼，使我有所成長？我該如何將今日所學應用到生活中？我應該何時應用？
- **增加價值**：我今天為誰增加了價值？我怎麼知道我為此人增添了價值呢？我是否可以繼續加強此人所獲得的正面好處？
- **領導力**：我今天是否以身作則？我是否將我的員工和組織提升到更高的水準？我做了什麼事？我是怎麼做到的？
- **個人信仰**：我今天的表現榮耀上帝了嗎？我實踐了耶穌教導的行為準則嗎？我與他人「多走二里路」了嗎？（譯注：引用馬太福音 5:41，若有人要強迫你走一里路，就陪他走兩里，引申為超出職責要求的善舉。）
- **婚姻和家庭**：我今天向家人傳達愛意了嗎？我是如何表達的？他們感受到了嗎？他們有給我回報嗎？
- **核心團隊**：我與團隊關鍵成員是否有足夠的相處時間？我能做些什麼幫助他們更成功？我能夠在哪些方面指導他們？
- **發現**：我今天遇到了什麼問題，需要花更多時間思考？從中汲取了什麼教訓？有什麼該做的事情嗎？

如何安排反省思考時間，由你自行決定，你或許希望採用我的模式，做一些個人調整，或是發展一套更適合你的系統。最重要的是，提出適合自己的問題，並寫下在反思過程中出現的任何重要想法。

5. 採取行動強化你的學習

寫下反省思考過程中衍生的好想法是很寶貴的，但是，沒什麼比實際付諸行動更能使你有所成長。要做到這一點，你必須刻意採取行動。例如，你在讀到一本好書的時候總會有一些好的想法、名言，或是可以從中汲取的教訓，供自己運用。我總是記下一本書的重點，全書閱畢後再將重點重讀一次。當我聽到一則資訊時，我會將重點記錄下來，將之歸檔以備日後使用。我去參加研討會時，會勤做筆記，用一套符號系統來提示我後續的行動：

- 像這樣的箭號→代表再次檢視這份資料。
- 標記文本旁邊的星號＊代表根據標註的主題將之歸檔。
- 像這樣的括弧﹁代表我想要引用講座或書中的段落。
- 像這樣的箭號↑代表如果我下點功夫的話，這個想法會成功的。

大多數人去參加會議或研討會時，都很享受這種體驗，聆聽演講者的發言，有時甚至會做筆記，但回家之後沒有任何後續行動。他們喜歡所聽到的許多概念，不過一旦闔上筆記本之後，就將一切拋諸腦後，如此一來，所得到的只不過是一時的刺激。

你去參加一個課程或會議時，結束後若能重溫你所聽到的內容，進行反思，然後付諸行動，這將改變你的人生。

反省思考行動計畫

1. 每天反省思考：創造一個每天反思的時間，幫助你從當日事件中學習，並捕捉自己的想法。保留一個固定的時間和地點進行反省思考，每天規律練習，持續二十一天。

2. 對自己提出正確的問題：你能做的最重要的事情之一，就是想清楚在反省思考時該問自己什麼問題。複習本章中提出的問題範例，然後建立自己的一套問題，先想出適用於任何事件或會議的一般性問題，進而提出與個人價值觀和人際關係更具體相關的問題。

3. **回顧你的行事曆：**在這個月底，預留兩到四個小時的時間，回顧你過去三十天的行事曆，檢視你的約會和待辦事項清單。弄清楚你把時間花在哪裡，以及這種時間運用是否明智。你在查看個別項目時，問問自己：

- 對在哪裡？
- 錯在哪裡？
- 我學到了什麼？
- 我下次能做什麼改變？

別忘了寫下該歸檔的見解，以及該完成的行動要點。

4. **向優秀的思考者學習：**在你生活中哪個領域，需要更多優秀思考者的見解？你的職業？你的精神生活？還是人際關係？確定一個領域，然後從家人、朋友和同事的推薦中，尋求書籍、文章、網路廣播、部落格、影音課程、DVD 等方面的建議，拓展你的思維。制定學習新概念的時間表，反省思考，應用到生活中，同時制定確實執行的行動計畫。

反省思考練習

檢視自己過去七天的行事曆／日程安排，請務必注意你計畫的內容和實際達成的目標，然後問問自己：

我做了哪些事正好符合我的優先事項？

這份清單上有哪些事幫助我朝著目標前進？如何達成？

我需要花更多時間思考什麼，才能學習成長？

反省思考問題討論

1. 在當前社會和文化中，哪些因素不利於反省思考？
2. 你認識的人當中，誰最善於反省思考？你從此人身上學到了什麼？
3. 你目前的工作環境是否鼓勵反省思考？
4. 你通常花多少時間進行反省思考？看起來如何？在哪裡進行？你是刻意安排時間，還是自然而然發生的？
5. 你在反省思考時，什麼事物能幫助你更有成效？
6. 在你生活中哪些領域最有可能進行反省思考？哪些領域最不可能？為什麼？
7. 如果反省思考是你過去很少練習的事，你認為這阻礙了你的發展嗎？若是，是怎麼造成阻礙的？如果你花了大量時間反省思考，對你有何幫助？
8. 為了更好地進行反省思考，你願意採取哪些行動？請具體說明。

08

質疑從眾思考

我不是答錄機，而是提問機。如果我們凡事都有解答，
如今又怎麼會如此混亂？
——道格拉斯．卡迪納爾（Douglas Cardinal，加拿大建築師）

經濟學家約翰．梅納德．凱因斯（John Maynard Keynes）的思想深刻影響了二十世紀的經濟理論和實踐，他聲稱：「困難之處不在於產生新觀念，而在於如何擺脫舊窠臼。」與大眾流行思想背道而馳並不容易，無論你是一個反抗公司傳統的商人、向教會介紹新音樂類型的牧師、拒絕從父母傳下來的老太太故事的新手媽媽、或者忽視當前流行風格的青少年。

本書中的許多觀點都與大眾思維大不相同。如果你重視的是大眾流行，而不是良好的思維方式，你將會嚴重限制自己學習本書所鼓勵的思維方式。

從眾思考是……

- 過於平庸，無法理解良好思考的價值。
- 過於死板，無法體會改變思考的影響力。
- 過於懶惰，無法掌握自主思考的過程。
- 格局太小，無法看清宏觀思考的智慧。
- 過於安逸，無法釋放專注思考的潛力。
- 過於傳統，無法發掘創意思考的樂趣。
- 過於天真，無法認清現實思考的重要性。
- 過於缺乏紀律，無法發揮戰略思考的力量。
- 過於設限，無法感受到可能性思考的能量。
- 過於隨波逐流，無法接受反省思考的教訓。
- 過於膚淺，無法質疑大眾思考的價值。
- 過於驕傲，無法積極參與共同思考。
- 過於沉溺自我，無法體驗無私思考的滿足感。
- 過於不受約束，無法享受底限思考的回報。

如果你想成為一位優秀的思考者，不妨做好心理準備，接受自己不受歡迎的可能性。

質疑從眾思考的案例研究

我向來幾乎是把健康視為理所當然，直到一九九八年十二月十八日那天。我當時五十一歲，精力還很充沛，也從未經歷過任何醫療問題。然而，在我公司聖誕派對的那天晚上，我突然心臟病發作，從此以後人生有了巨大的改變。現在我會注意飲食，每天鍛鍊身體，更是會特意向生活中親愛的人表達我的愛。這個經歷也使我更加了解與健康有關的問題。因緣際會之下，我讀到保羅．里德克（Paul Ridker）的相關文章，他是一位心臟病學專家，與大眾思維背道而馳，改變了醫生對病人心臟病發作風險的看法。

里德克對醫學產生興趣，是因為他小時候患有一種罕見的疾病，醫生最終將他治癒，而這段經歷同時也使他小小年紀就沉浸在醫學世界，從此成為他熱愛的事。

在布朗大學獲得學士學位後，他進入哈佛醫學院先後攻讀醫學學位和公共衛生碩士學位。如今，他是哈佛醫學院的醫學系副教授，也是波士頓布萊根婦女醫院（Brigham and Women's Hospital）心血管疾病預防中心的主任。

醫生們普遍認為，心臟病發作的最佳預測指標是患者血液中的高膽固醇，然而，大約有一半的心臟病發作，是發生在膽固醇指數正常的人當中。有鑑於此，里德克很好奇是否能找到另一個原因。

里德克的早期研究顯示，動脈發炎可能是原因之一，因此他開始進行一項大規模的研究，為他的理論收集數據。在此時，他遇到另一個普遍流行的想法：他想要追蹤的那種輕度發炎症狀是無法檢測的，里德克說，「當時有許多唱反調的人。」[1] 然而，他堅持不懈，最終找到了測量炎症的方法。

他發現一種物質，叫做C反應蛋白（C-reactive protein），總是存在於心臟病高風險患者的血液中。追蹤這種物質就和檢查膽固醇一樣可靠又便宜。事實上，它比低密度脂蛋白（LDL，又稱壞膽固醇）升高更能預測心臟問題。

多年來，心臟病一直是美國男性和女性的頭號殺手。在里德克的研究發現之前，有一半的人算是心臟病發作致死的高危險群，卻沒有辦法察覺自己的風險。里德克幫助改變了這種狀況。由於他願意質疑普遍流行的想法，朝另一個方向發展，未來幾年死於心臟病的人可能會更少。

質疑從眾思考的案例應用

在回顧里德克博士的故事時，請回答下列的問題：

1. 保羅・里德克顯然是一個聰明的人，才會成為一名心臟病學專家，並在心臟病研究方面取得重大的醫學突破。你認為他質疑從眾思考的能力，是基於個人的智力、教育、觀察、態度，還是其他特質？請說明。

2. 里德克的想法與整個醫學界公認的想法背道而馳。一個人該如何區分合理的常識思維和毫無根據的大眾思維呢？

3. 直覺在質疑從眾思維當中發揮什麼作用？常識又發揮什麼作用？

4. 在你的職業中，你認為有什麼公認的作法需要被質疑？你該如何研究替代方案？如果你成功找到了解決問題的替代方案，你預期會面對來自同事什麼樣的阻力？

質疑從眾思考如何使你更加成功

質疑從眾思考有很多充分的理由，也有很多好處。以下列舉一些：

1. 從眾思考有時候代表不去思考

我的朋友凱文・邁爾斯（Kevin Myers）總結了從眾思考的概念，他說：「從眾思考的問題就是你根本不需要動腦思考。」如果你毫無異議地接受普遍的知識，那就代表你沒有認真思考。深入思考是一件苦差事，要是很容易的話，每個人都會是很好的思考者了。不幸的是，許多人都想輕鬆過日子，不想花功夫思考，也不想為成功付出代價，期待別人已經想清楚了，盲目跟風行事，這樣做還比較容易。

看看一些專家對股市的建議，當他們公布自己精選的股票時，時機已經過了，等到大眾聽到他們所推薦的股票，那些專家早就已經從中賺大錢了。這些盲目跟隨趨勢的人，並沒有進行個人的思考。

在你生活中哪些方面有許多事你都沒有親自探究，而將之視為理所當然？你該採取什麼不同的作法來解決這個問題？

2. 從眾思考帶來錯誤的期望

科隆大學（University of Cologne）遺傳學系教授本諾・穆勒－希爾（Benno Müller-Hill）曾講述一個故事，高中時有一天早晨，物理老師安裝了一台望遠鏡，讓學生可以觀察行星和衛星。

他在校園裡和四十位學生一起排隊，他排在最後。第一個學生走向望遠鏡，看了看，當老師問他有沒有看到什麼東西時，男孩說沒看到，近視阻礙了他的視力。老師教他如何調整焦距，男孩最後終於說他看到了行星和衛星。學生們一個接一個地走向望遠鏡，看到了該看的東西。最後，倒數第二個學生看著望遠鏡，宣稱他什麼也看不見。

「你這個白癡」，老師喊道，「你必須調整鏡頭。」這名學生試著調整，但最後仍舊說，「我還是什麼都看不見，只看見一片漆黑。」

老師厭惡地自己上前透過望遠鏡看了看，然後抬起頭來，面帶奇怪的表情。望遠鏡的鏡頭蓋還蓋在上面，根本沒有任何學生能看得到什麼東西！[2]

許多人在從眾思考中尋求安全保障，認為如果有很多人在做某件事，那一定是對的事，必然是個好主意。如果大多數人都接受，那麼可能代表這是公正、平等、富同情心和敏感性，對吧？未必如此。

大眾普遍認為地球是宇宙的中心，然而哥白尼研究了恆星和行星，並利用數學證明了地球和太陽系中的其他行星是圍繞太陽運轉的。大眾普遍認為手術不需要乾淨的器械，然而約瑟夫．李斯特（Joseph Lister）研究了醫院的高死亡率，並引入能夠立即挽救生命的消毒措施。大眾普遍認為女性不應該有投票權，然而艾梅琳．潘克赫斯特（Emmeline Pankhurst）和蘇珊．安東尼（Susan B. Anthony）這些人卻努力爭取，最終贏得此一權利。大眾思維使納粹在德國得以掌權，然而希特勒的政權謀殺了數百萬人，幾乎摧毀了整個歐洲。我們必須牢牢記住，接受和智慧之間有著巨大的區別。人們可能會說人多總是對的，但事實並非總是如此。有時候，大眾流行的思維很明顯是錯誤的，有時則不那麼明顯。

我們的社會有什麼流行思維正提供人們錯誤的期望？請說明。可能會造成什麼結果？你採取什麼行動來杜絕自己追隨這種流行趨勢？你是否可以或應該做些什麼，以幫助別人避免這種情況？

3. 從眾思考很難接受改變

從眾思考喜歡維持現狀，對於當下的信念充滿信心，並竭盡全力堅持下去，因此拒絕改變、抑制創新。獨立電影製作人協會前主席唐納德・納爾遜（Donald M. Nelson）批評從眾思考，他宣稱：「我們必須屏棄過去的慣例和運作可能是最好方式的這種想法。反之，**我們必須假設幾乎任何事情都能有更好的完成方法**。我們必須停止認為以前從未做過的事情可能根本辦不到。」

你在職業生涯中任何方面都變得過於自滿了嗎？如果是的話，對你的工作效率產生什麼負面影響？你能採取什麼行動來挑戰現狀，變得更有創新精神？

---

4. 從眾思考只能帶來平庸的結果

底限是什麼？大眾思維只會帶來平凡的結果。從眾思考可以用一句話來概括：

流行＝正常＝一般

Popular = Normal = Average

這很少是最好的。當我們一味地跟隨大眾思維時，就限制了自己的成功發展，這代表不太花心思，每天得過且過。如果你想要取得非凡的成果，就必須屏棄一般人的思維。

你有多麼想要取得非凡的成果？你是否很願意離開你的舒適圈，無論在身體、心靈、情感或精神上，以達到最佳狀態？你需要怎麼做才能讓自己擺脫自滿？

如果你變得更善於質疑從眾思考呢？

只有在承認自己需要改進的領域，我們才有辦法改變、成長和進步。針對質疑從眾思考的能力，非常誠實地自我評估，在這方面你需要改進哪些地方？如果你能夠對大眾思維開始提出質疑，你的人生會有什麼變化？對於你的職業生涯、人際關係、經濟、精神，會造成什麼影響？不妨花一點時間反思，並在此記錄下你的想法。

如何成為從眾思考質疑者

從眾思考往往被證明是錯誤、有局限的。質疑從眾思考並不困難，只要你養成這樣做的習慣。困難之處在於如何開始。以下提供幾點行動建議：

1. 思考之後再行動

許多人幾乎是自動跟隨別人，有些人這麼做是因為希望行事不會受到太大阻礙，有些人則是因為害怕被拒絕，或是相信眾人所做之事都是明智的。然而，如果你想成功，就需要思考什麼是最好的，而不是跟隨大眾流行。

挑戰大眾思維需要你願意去接受不受歡迎的想法、超越常規。例如，二〇〇一年九月十一日的恐攻悲劇之後，很少有人願意搭飛機旅行，但那時其實才是最佳的旅行時機：旅客減少、機場安檢措施加強、航空公司紛紛降價。悲劇發生過後大約一個月，我和妻子瑪格麗特聽說百老匯的演出有很多空位，紐約許多旅館還有很多空房。一般大眾的想法是，這段時間最好遠離紐約。

然而，我們利用了這個好時機，買到了去紐約的廉價機票，在一家豪華旅館幾乎以半價訂了一間房，還買到了最搶手的表演門票，包括《金牌製作人》（*The Producers*）的票。我們進入劇院就座時，旁邊坐著一位興奮的女士。

「我不敢相信我終於在這裡了」，她對我們說，「我等了這麼久，這是百老匯最好的演出，也是最難買到票的，」然後她轉過身來，直視著我說道，「我這張票已經有一年半了，等著看這場演出。你們多久前買到票的？」

「你不會喜歡我的答案的。」我回道。

「哦，說吧，」她問，「多久前？」

「我五天前買到票的。」我回答。

她震驚地望著我們。我們得以看這場演出，正是因為願意與大眾思維背道而馳。

當你開始拒絕從眾思考時，提醒自己：

- 非主流的想法即使最終會成功，基本上都是被低估、不受認可並受到誤解。
- 非主流的想法蘊含遠見和機會的種子。
- 任何進展都需要非主流的想法。

下次當你在某個問題上打算要順應大眾想法時，不妨停下來好好思考一下。你可能不想為改變而改變，但你絕對也不該未經深思熟慮就盲目跟隨。

2. 欣賞別人不同的觀點

擁抱創新和變革的方法之一，就是學會欣賞別人的想法。要做到這一點，你必須不斷接觸與自己不同的人，多花點時間和背景、教育水準、職業經歷、個人興趣與你不同的人相處。你的思考方式會像自己最常接觸的人一樣，如果你多花時間與跳脫框架思考的人相處，就更有可能挑戰從眾思考，開拓新天地。

3. 不斷質疑自己的想法

讓我們面對現實吧，每當我們找到一種有效的思維方式時，都會忍不住反覆地依附於此，即使它不再那麼有效。有時候，未來成功最大的敵人正是今日的成功。我的朋友安迪・史丹利（Andy Stanley）曾經上過一堂領導力課程，名為「挑戰過程」，他描述進步之前都必須先有改變，並指出質疑從眾思考的許多動力。他認為我們應該牢記，在一個組織中，**每一項傳統剛開始都是個好主意，甚至可能是革命性的，但是對未來而言，傳統可能未必都是好事。**

在你的組織中，如果你參與維持目前的現狀，那麼你很可能會拒絕改變，即使是好的改變。因此，挑戰自己的思維是很重要的。如果你太執著於個人想法，以及既定的行事方式，將不會有任何好的改變。

4. 以新的方式嘗試新事物

你上一次首度嘗試新事物是什麼時候？你是否都會避免冒險、不敢嘗試新的事呢？擺脫自己舊有思維最好的方法之一就是創新。你可以從一些日常小事做起：開車上班走不同於平時的路、在你最喜歡的餐廳點一道不熟悉的菜、請另一位同事幫助你完成一項熟悉的計畫。讓自己**脫離自動模式**。

非主流的思考會提出質疑，並尋求選擇方案。大多數人寧可安於既有問題，而不願致力於尋找新的解決辦法。

你用什麼新方式去嘗試新事物都無所謂，最重要的是要確實執行（此外，如果你嘗試新事物和其他人的方式沒什麼不同，你確定自己沒有跟隨流行思維嗎？）從今天起，走出去做些不同的事情吧。

5. 讓自己習慣不自在

說到底，大眾流行思維令人感到舒服自在，就像一張老舊的躺椅適應了主人所有的癖好。大多數老舊躺椅的問題是，主人最近都沒有好好檢視其狀態，如果有的話，必然會同意該淘汰換新了！如果你想拒絕大眾思維，以便有所成就，就必須習慣不自在的感覺。

如果你採取非主流的思考方式，根據什麼才是最有效、最正確的來做決定，而不是跟隨普遍接受的想法，你就要知道：在你人生的早年時期，你不會像人們認為的一樣做什麼都是錯的，在你晚年時期，也不會像人們認為的那樣什麼都是對的。但這些年來，你會比自己想像的還要更好。

質疑從眾思考行動計畫

1. 安於不自在：讓自己習慣不自在的狀況。怎麼做呢？每天從事一些不同於平常習慣的事情。這個星期每天開不同的路線去辦公室或雜貨店；將一天的行程安排得不同於以往；和你的伴侶來一場不同的約會；去聽一場和個人音樂喜好截然不同的音樂會；培養一種使你謙卑的愛好。

改變你對新事物的態度，如此一來，不僅有助於你質疑從眾思考，同時，不管你的年齡多大，也能防止老化。

2. 向你專業領域之外的人學習：藉由了解創新思考者的頭腦來欣賞別人的想法。瀏覽一些傳記，挑選一本與你所屬領域無關的名人傳記。如果你是一個熱愛數字和事實的人，不妨讀一讀關於藝術家的書。如果你是藝術型的人，讀一讀商業傳記。如果你不喜歡政治，讀一讀關於政治人物的書。

你應該明白我的意思，引導自己的思考方向，去平時不常去的地方，試著體會一下傳記主題的思維方式。激勵一下自己的頭腦！

3. 調整工作方式：針對案例研究，我請你思考在你的工作當中有什麼公認的作法是需要改變的。現在試著對此採取行動，請想出十種替代方案，來改善目前沒有達到預期成效的做事方法。接著邀請其他人幫助你思考哪一種方案最有可能解決問題，然後制定一套計畫以便落實新的作法或程序。請完全根據結果來衡量其價值，如果失敗了，不妨勇於嘗試其他方法。

4. 在家裡做些改變：我們的生活中都有一些事早就需要改變了。花點時間挑戰家裡長久以來普遍的思維，帶來和工作中同樣渴望的創新和進步。請家人一起幫助你提出改變的想法，並付諸實施。

質疑從眾思考的練習

寫下你年輕時的某個信念、偏見、或傳統，是你如今不再欣然接受的（或許是種族主義態度、或是聖誕夜拆禮物的傳統）。

這可能是你家裡普遍的思維方式。是什麼人、事件或資訊促使你考慮改變呢？

在改變之際，哪些方面令人感到不自在？

你是如何克服阻力，以及來自他人甚至自我內心的懷疑？

在質疑這方面的從眾思考當中，你有什麼獲益之處？

質疑從眾思考問題討論

1. 現今的流行趨勢是什麼？你跟隨了哪些？哪些引不起你的興趣？你認為哪些具破壞性？
2. 在你討論的流行趨勢當中，哪些是已經長期存在的？你認為哪些將會持續很長的時間？
3. 對於流行趨勢和從眾思考的接受度，是否取決於一個人的年齡？換句話說，人們在人生的某些階段是否更容易受到影響？請說明。
4. 你覺得哪一種人最有可能質疑從眾思考？哪一種人最有可能跟風行事？
5. 在你生活中，哪些方面你最有可能質疑從眾思考？哪些方面你最有可能隨波逐流？
6. 你能想到自己何時曾經質疑從眾思考而得到很好的結果嗎？描述一下那段經歷。得到什麼結果？是什麼促使你改變想法的？
7. 你目前面臨什麼樣的壓力可能會造成阻礙，使你無法違背既定的思維和運作方法？
8. 接受大眾思維你會失去什麼？反對大眾思維你會得到什麼好處？你願意為改變現狀付出代價嗎？請說明。

09

從共同思考中獲益

沒有人比我們所有人更聰明
——肯·布蘭查德（Ken Blanchard）

無論你想要完成什麼，只要透過共同思考，就能做得更好。這種信念正是我畢生大部分時間都在進行領導力教學的原因之一。好的領導能力有助於在合適的時機聚集合適的人，以達到正確目的，促成人人都贏的局面。我對於共同思考有堅定的信念，甚至在寫書期間也進行此一過程。

大多數人認為書是單一頭腦的產物，有時這是真的，特別是針對小說作家和詩人而言（但當代最受歡迎的小說家史蒂芬·金〔Stephen King〕將其成功歸功於他與妻子的關係）。事實上每本書都有編輯協助完成，和所有的事情一樣，我相信一本書如果經過共同思考，會有更好的結果。

我開始著手寫這本書的時候，花了很

多時間反思，考慮成功人士的思考習慣（除了我個人的之外），然後制定出新書大綱，隨即立刻讓其他優秀的思考者參與這個過程。剛開始時，我和我的代筆人查理．韋澤爾（Charlie Wetzel）以及出版商羅爾夫．澤特斯坦（Rolf Zettersten）討論了一些想法，正是在這個早期階段，我們確定了書名。

一旦我們確定了本書的書名和基本大綱之後，我就召集了十幾位優秀的創意思考者組成一個團隊，為此書集思廣益。其中一些人我是單獨請教，但大多數人都是一起聚在會議室中，享受共同思考的美妙時光。

隨後我的研究助理開始收集相關故事的點子和資訊。每當查理和我完成一個章節時，我們都會從妻子那裡得到寶貴的意見反饋，幫助我們發現有何疏漏之處。我還邀請一些專業人士針對具體章節提出建議。

我能獨立寫出這本書嗎？當然可以。我請別人協助，提供他們的意見，是不是會更好呢？那是一定的！**比起獨立作業，我的朋友和同事們讓我變得更完美**。

你可以在個人專業領域得到同樣的好處。就只需要找到合適的人，以及彼此參與共同思考的意願。

共同思考的案例研究

二〇〇二年初，我受到邀請會見有史以來最偉大的籃球教練之一：田納西大學女子籃球隊的帕特・桑密特（Pat Summitt）。我本身是個籃球迷，有幸能夠見到桑密特教練，自然令我興奮不已。誰不會呢？她所得到的榮譽超越任何教練，僅次於約翰・伍登（John Wooden）！以下列舉一些她的卓越成就：

- 贏得八次 NCAA 一級籃球錦標賽冠軍（1987、1989、1991、1996、1997、1998、2007、2008）
- 贏得十五次 SEC 錦標賽冠軍
- 一九九七至九八執教完美賽季（三十九勝〇負）
- 入選籃球名人堂（二〇〇〇）
- 入選女子籃球名人堂（一九九九）
- 獲頒奈史密斯學院年度最佳女教練（伍登是男教練獲獎者）
- 約翰・布恩獎得主（一九九〇）

- 她的女子籃球隊被 ESPN 評選為一九九〇年代最佳團隊
- 她訓練的女子籃球隊運動員中，包括十二名奧運選手、十九名柯達全美球員、七十四名 All-SEC 選手、和二十五名專業人士
- 帶領美國女子奧運隊，奪得第一面金牌（一九八四）
- 達到三百場勝利最年輕的教練（三十七歲）
- 贏得七百多場比賽的十七名大學教練其中之一
- 太多「年度最佳教練」榮譽，不勝枚舉

我去田納西州的諾克斯維爾（Knoxville）時，就知道我會有一次很棒的經歷。我有機會和帕特在她的辦公室裡談論領導力和團隊合作。然後，她請我當「客座教練」，在球隊和老道明（Old Dominion）比賽前，對球員精神喊話。比賽期間，我就坐在後方板凳，中場休息時，我去更衣室加入她和整個球隊。

我對帕特有很多印象，首先，她很熱情，也有很強烈的競爭意識。她在《登峰造極》（*Reach for the Summit*，暫譯）書中說過一句話，能讓你清楚明白她對勝利的渴望：「我從來沒有失敗的賽季，任何事情都一樣。在我參加的每一個籃球賽季中，我都取得勝利記錄。」[1]

其次，她是一個真正的領導者，你可以從她管理球隊的方式，和與助理教練的互動中看出這一點。她跟每一位球員溝通時都很有策略，會觀察和傾聽，以確保他們認同她的意思。她說，太多教練都試圖在沒有建立互信基礎的情況下指導球員。

但是，我要告訴你她令我印象最深刻的地方。儘管她的個性和領導能力很強，但她選擇採取共同思考。

中場休息在更衣室時，她是這樣安排的：一開始，她讓球員們自行帶開，在沒有教練參與的情況下，對比賽進行回顧和診斷。同一時間，帕特會聽取教練們的觀察結果。大約十分鐘後，所有教練和球員都會聚在一起。球員們分享自己的發現和修正計畫，帕特和其他教練則在必要時補充他們的意見。

帕特在暫停時間也是採用共同思考。在剛開始的十五秒鐘，她會聽取助理教練的意見，隨後與隊員們交談，詢問他們的意見。帕特回憶說，在與范德比隊（Vanderbilt）的那一場比賽中，當她和助手交談時，當時還只是大一新生的沙米克·霍爾茲克勞（Chamique Holdsclaw）扯著帕特的袖子，打斷她說：「讓我上場，把球給我。」帕特把機會給了她，霍爾茲克勞得分，球隊贏了球。[2]

共同思考的案例應用

你在反思帕特．桑密特的故事時，請思考以下幾點：

1. 根據你對於教練的一些認識或曾有過的經驗，又或者是根據你可能讀過的一些傑出教練相關資訊，對於帕特．桑密特向她的球員和助理教練徵求這麼多意見，你是否感到驚訝？請說明。

2. 你認為為什麼桑密特教練讓球員先聚在一起，在沒有教練的引導下分析比賽發生的狀況？如果她從一開始就讓全員聚集在一起討論，會有什麼不同？如果由她這位領導者先發言，會有什麼結果？

3. 你認為在領導者或專家的一生中，是否會出現不再需要或期望共同思考的時候？若是，為什麼？若否，為什麼不呢？

4. 桑密特教練表現出哪些能鼓勵共同思考的特質？一個領導者還需要其他哪些特質才能實踐共同思考？你的領導者具備這些特質嗎？你個人具備這些特質嗎？

共同思考如何使你更加成功

好的思考者，尤其是那些兼具優秀領導能力的人，了解共同思考的力量，他們深知重視他人的思維和想法時，就會得到集思廣益加成的結果，完成比獨立行事更大的成就。

參與共同思考的人了解以下幾點優勢：

1. 共同思考比單獨思考更有效率

我們生活的世界節奏非常快速，按照目前運作的速度，我們不能孤軍奮鬥。我認為新世代剛步入職場的年輕男女一定感受特別強烈，也許正因如此，他們十分重視社群，比較想在自己喜歡的公司工作，而不是只重視高薪。

與他人合作就像是給自己一條捷徑，有助於每個人更快地完成任務。如果你想快速學習一項新技能，你會怎麼做？你是會自己想辦法，還是找人示範教導？不管你是想學習如何使用新的套裝軟體、開發高爾夫球揮桿技巧、還是做一道新菜，從有經驗的人身上，你都可以更快地學到東西。

你會自然地尋求他人的協助嗎？還是傾向於自己單獨行事？這種天生的傾向，對你有利、還是不利？

2. 共同思考比單獨思考更加創新

我們往往認為偉大的思想家和創新者都是獨立行事者，但事實是，最偉大的創新思維都不是憑空產生的，創新是合作的結果。愛因斯坦曾經說過：「每天很多時候，我都會意識到自己的外在和內在生活是建立在古今人們努力的結果，我也必須多麼努力付出，才能給予我小小的貢獻。」

共同思考會帶來更偉大的創新，無論是研究人員居里夫人（Marie Curie）和皮耶・居里（Pierre Curie）、超現實主義者路易斯・布紐爾（Luis Buñuel）和薩爾瓦多・達利（Salvador Dalí），還是歌曲創作者約翰・藍儂（John Lennon）和保羅・麥卡尼（Paul McCartney）的作品可見一斑。**如果你把個人的想法和別人的結合起來，將會衍生出你從未有過的創意！**

你通常在哪裡尋找靈感和新的想法？你會向內凝視，還是向外觀看？你是否嘗試以他人的想法做為出發點，無論是透過交談還是閱讀？還是想要自行創造？你該如何學習多多與他人互動呢？

3. 共同思考比單獨思考更趨成熟

雖然我們都希望自己無所不知，但每個人都有自己的盲點和經驗不足之處。我剛開始做牧師的時候，充滿了理想和精力，但是我沒有什麼經驗。為了克服這一點，我試著邀請幾位知名的教會牧師與我分享他們的想法。一九七〇年代初期，我寫信給國內十位最成功的牧師，向他們提供一百美元（當時對我而言可是一大筆錢），請他們與我會面一個小時，讓我可以當面請益。如果有人答應了，我就會親自去拜訪。除了提出幾個問題，我很少發言，我並不是為了讓人對我印象深刻，或自我滿足，而是去那裡虛心學習的。我傾聽對方說的每一句話，勤做筆記，盡我所能地吸收一切，那些經歷改變了我的人生。

你有我所欠缺的經驗，我也有你所欠缺的經驗，我們加在一起，就能提供更廣泛的個人經歷，也因此更成熟。如果你在哪一方面經驗不足，不妨去見見有此經驗的人。

你如何判斷自己的經驗多寡？你具備很多經驗嗎？還是你的夢想或精力遠超過個人智慧？為了彌補自己的不夠成熟，你可以向誰請教？你希望他們提供什麼具體的幫助？

4. 共同思考比單獨思考更強而有力

哲學家兼詩人歌德曾說過：「接受好的建議就是提高自己的能力。」當大家朝著同一方向思考的時候，三個臭皮匠，勝過一個諸葛亮。

合作思考就像兩匹馬駕馭一輛馬車，協同合作比獨力運作更強大。你明白嗎？一起合作可以乘載的重量，遠超過單匹馬最佳表現的總和。協同效應（synergy）來自於一起努力，當人們一起思考的時候，也會產生同樣的效果。

你過去和誰合作得很好？你和誰一起經歷過重大突破？那些幫助你提高工作效率的人有什麼特質？

5. 共同思考比單獨思考帶來更高的價值

由於共同思考比單獨思考更強大，顯然也會產生更高的回報，正是因為眾人思考的複合作用。它同時也帶來其他的好處，你從共同思考和經歷中得到的個人回報可能會很棒。

企業主管克拉倫斯・法蘭西斯（Clarence Francis）在以下觀察中總結了這些好處：「我真的相信人際關係是展望美好世界的關鍵。你面臨到的每一個問題，不管是家庭、工作、我們國家或全世界，基本上都是人際關係和相互依存的問題，這似乎再清楚不過了。」

即使是最內向的人也能從與合適的人相處中獲益。列出你和喜歡的人在一起時所得到的益處。

6. 共同思考是促成偉大思想的唯一途徑

我相信**每一個好主意都源自於三、四個不錯的想法**。大多數好主意都來自共同思考。劇作家班・強森（Ben Jonson）說過：「完全靠自學的人是個愚昧之人。」

我在求學的時候，老師們都要求我們追求正確並表現得比其他學生更好，很少著重於一起努力找出好的答案。然而，當大家充分利用每個人的想法時，所有答案都會有所改善。如果人人都有一個想法，加起來就有兩個以上的想法，那麼總是會有產生偉大思想的潛力。

你能想得到自己可曾有過一個很棒的點子，完全是出於個人，沒有任何其他人的貢獻？如果你研究一下，能夠找到任何一個人的偉大想法，完全沒有從他人意見中獲益的嗎？試試看，我相信如果你深入探索，你會發現別人的想法總是可以發揮作用的。

如果你變得更善於共同思考呢？

只有在承認自己需要改進的領域，我們才有辦法改變、成長和進步。針對共同思考能力，非常誠實地自我評估，在這方面你需要改進哪些地方？如果你能夠與人合作思考，你的人生會有什麼變化？對於你的職業生涯、人際關係、經濟、精神，會造成什麼影響？不妨花一點時間反思，並在此記錄下你的想法。

如何成為共同思考者

有些人自然而然地投入共同思考，每當他們一看到問題時，立刻就會想，我認識的人有誰能幫得上忙？領導者通常都是如此，外向的人也是。然而，你不必成為其中任何一個，就能從共同思考中獲益。採用以下的步驟來幫助你提高利用共同思考的能力。

1. 重視他人的想法

首先，相信別人的想法是有價值的。如果不這麼想，你會覺得無能為力。你怎麼知道自己是否真的想要他人的意見？問問自己這些問題：

- **我在情感上有安全感嗎？**缺乏自信心，擔心自己的地位、職務或權力的人，往往會拒絕別人的想法，保護自己的地盤，拒人於千里之外。有安全感的人才會考慮別人的想法。
- **我是否重視別人？**如果你不重視、尊重別人，也就不會重視別人的想法。你可曾想過在你重視或不重視的人身邊，你的行為表現如何？看看兩者的差異：

如果我重視別人	如果我不重視別人
我會想和他們在一起	我不想和他們在一起
我會傾聽他們	我會忽視他們，不願傾聽
我會想幫助他們	我不願幫助他們
我會受他們的影響	我會不理他們
我會尊重他們	我會漠不關心

- **我是否重視互動過程？**奇妙的協同效應往往是共同思考的結果，可以帶你去從未去過的地方。出版人麥爾坎．福布斯（Malcolm Forbes）斷言：「傾聽建議的效果往往遠超過聽從建議。」

在你參與共同思考的過程之前，你必須先對與人分享想法這件事抱持開放態度。

2. 從競爭走向合作

《立志當老總》（*How to Become CEO*）一書的作者傑佛瑞．福克斯（Jeffrey J. Fox）表示：

「時時刻刻尋找想法，任何想法全都來者不拒。從客戶、兒童、競爭對手、其他行業或計程車司機那裡尋找靈感，是誰想出來的並不重要。」[3]

一個重視合作的人會希望使別人的想法完善，而不是與之競爭。如果有人要求你分享想法，不妨著重於幫助團隊，而非求得個人的光彩。如果你是將大家聚集在一起腦力激盪的領導人，不妨多讚美想法本身，而不是創意發想人。如果最好的點子總是贏得關注，那麼大家就會更熱切地分享自己的想法。

3. 與人會面時要有議程

我喜歡和某些人一起共度時光，不管我們是否有討論什麼想法，例如我的妻子瑪格麗特、我們的兒孫們、和我的父母。我們經常一起交換想法，但是就算不這麼做的話，我也不會覺得有何不妥，因為我們是一家人。然而，我在平日和任何人在一起的時候，都會設定會面的議程，我知道自己想達成什麼目標。

我對這個人的智慧越是尊重，就會越認真傾聽。例如，當我與我指導的對象會面時，我會讓對方提出問題，但我希望大部分都是由我發言。當我遇到指導我的人時，我大多時候會保持安靜。在其他的人際關係中，意見的交換更為平等。

但不管怎樣，我都有設定會面的理由，對於我能提供什麼益處或從中獲得什麼，也會有所期待，不管是為了工作還是娛樂，都是如此。

4. 找到合適的人同桌討論

為了能夠從共同思考中獲得任何價值，你需要與能有所貢獻的合適人選參與討論。在你準備邀請別人一起腦力激盪時，不妨採用以下的標準選擇：

- 最希望想法能夠成功的人
- 能夠為彼此的想法增加價值的人
- 能夠在情緒上因應對話快速變化的人
- 針對自己薄弱的領域，能夠欣賞他人長處的人
- 了解自身價值所在的人
- 重視團隊利益優於自身利益的人
- 能夠激發出身邊人士最佳思考能力的人
- 針對討論的議題，具備成熟度、經驗和成功的人

- 勇於承擔、對決策負責的人
- 離席時能以團體（we）為重，而不是以自我為中心（me）的人

我們常常根據彼此的友誼、生活環境、心理習慣或方便性來選擇腦力激盪的夥伴，但這對於我們發掘和創造最高層次的想法並沒有幫助。我們邀請什麼人一起集思廣益，結果會有所不同。

5. 善待優秀的思考者和合作者

成功的組織會實踐共同思考。如果你領導著一個組織、部門或團隊，那就不能沒有善於共同思考的人。

在招聘時，尋找那些重視他人想法、有協同合作經驗、情緒可靠的優秀思考者，然後提供他們高薪，挑戰他們多多運用思考能力、分享彼此的想法。讓許多優秀的思考者一起集思廣益，沒有什麼比這更能增加價值了。

共同思考行動計畫

1. 檢查你的心態：針對以下每一項陳述，用1到10的等級為自己評分（10代表百分之百同意）：

我喜歡人，總是對人高度重視。

1 2 3 4 5 6 7 8 9 10

我把別人的意見看得和我自己的一樣重要。

1 2 3 4 5 6 7 8 9 10

我不會因為員工的成功而感覺受到威脅。

1 2 3 4 5 6 7 8 9 10

當同事受到認可時，我並不會感到嫉妒。

1 2 3 4 5 6 7 8 9 10

當別人的想法比我好時，我不會覺得受到威脅或挑戰。

1 2 3 4 5 6 7 8 9 10

如果你在其中任何一項得分低於8分，那麼你的態度可能會妨礙你參與共同思考的能力。不妨自我省思一下，哪些項目的分數比較低，原因是什麼，以便發掘如何才能培養更開放的合作態度。

2. 尋找一個合作思考的夥伴：一些最偉大的發明、創新和創造力的故事都是相互合作的結果。想想你認識的人當中，是否能找到一個和你有相似希望和夢想的人，這個人令你崇拜、和你強烈契合？如果有的話，這個人可能會是創意合作夥伴的人選。與此人一起探索共同思考的概念，看看存在什麼潛力。

3. 檢視目前的團隊：你目前所面臨的一些挑戰，將會從共同思考中獲益匪淺。想想你現有團隊或所屬領域的工作成員，列出他們的名字，然後利用下列檢查清單來確定他們在共同思考情境中的運作情況：

A. 他是否渴望一個想法能夠成功，至少一如重視個人信譽？
B. 他是否能為別人的想法增加價值？
C. 他是否能夠在情緒上因應對話的快速變化？
D. 他是否了解自身的優勢和對團隊的價值？
E. 他是否將團隊整體利益擺在個人之前？
F. 他通常是否能激發別人最好的想法？
G. 他是否具備成熟度、經驗和成功？
H. 他是否勇於承擔、對決策負責？
I. 他離席時是否能以團體（we）為重，而不是以自我為中心（me）？

姓名					
A					
B					
C					
D					
E					
F					
G					
H					
I					

任何一個得到很多肯定答案的人，都是很好的人選，可以邀請加入團隊或組織的共同思考行列。任何一個得到很多否定答案，或是在關鍵問題得到否定答案的人，都很可能是弊多於利，因此不應該邀請參與此一過程。

4. **制定會面議程：**如果你天生就是善於交際的人，可能會傾向於和別人聚在一起，單純享受對方的陪伴，什麼事也不做。對某些人這樣做沒有錯，但如果你想從共同思考中獲益，就必須在某些情況下更具策略性。

回顧你下個星期的行程表，檢視在列的每一個約會或活動。當中有哪一個可以透過共同思考提升到更高層次？哪一個是如果實踐共同思考，你和其他相關人員都會從中受益？

為每個活動制定一個議程，花點時間釐清你想從與每個人的互動中得到什麼，以及你希望付出什麼。會面之前，寫下你們可以共同思考的問題或想法。你可能會驚訝自己的時間變得更有效率。

共同思考練習

有人說三個臭皮匠勝過一個諸葛亮，你曾與哪些人合作使你的想法變得更好，請列舉一些人名。

這些人協助你創造了哪些具體的想法？

本週你對於他們的合作該如何表達感謝？

在上面列舉的人或你沒有列入的人當中，誰可以幫助解決你目前所面臨的問題？或是你可以幫助哪些人解決他們正努力想要解決的問題。安排時間與此人見面。

共同思考問題討論

1. 請列舉一個由作家、藝術家、科學家、發明家或商人組成的合作夥伴或團隊，其創造力是令你非常欽佩的。你最欣賞他們的作品是什麼？他們最大的優點是什麼？
2. 一個團隊成功的關鍵因素是什麼？
3. 共同思考在成功的團隊中發揮什麼作用？如果大家都不願分享想法時，還有可能出現成功的團隊嗎？請說明。
4. 描述你參加過的一次精彩的團隊或團體活動經歷。什麼原因讓你如此愉快？
5. 一般而言，你通常在何種情況下表現較好，獨力運作還是團隊合作？為什麼？
6. 一個領導者需要怎麼做才能使人安心參與共同思考？
7. 參與集思廣益的會議、討論或其他共同思考的活動時，你最大的優勢是什麼？最大的弱點又是什麼？該怎麼做才能讓自己針對個人強項做出貢獻，避開個人不足之處？
8. 在你目前的團隊或工作環境中，你希望看到任何與共同思考之事相關的改變嗎？

10

練習無私思考

我們不能拿著火炬照亮別人的路而不照亮自己的。
——班．史威勒（Ben Sweetland）

到目前為止，本書已經討論了多種思維模式，可以幫助你實現更多目標，每一種都可能讓你更加成功。我在本章想要向你介紹的思維模式，很有可能以不同方式改變你的人生，甚至可能重新定義你對成功的看法。

我相信**一個人在一生中如果都不幫助別人，就不能稱之為成功**，不管這個人是多麼富有、多麼出名、多麼受人敬仰和尊敬。如果一生都只為自己著想，那麼再多的成就和榮耀都毫無意義了。

論及無私思考時，你的立場是什麼？你相信人生在世是為了幫助別人，還是只為了自己？不確定自己的存在目的嗎？不妨問問自己班傑明．富蘭克林（Benjamin

Franklin）每天都會自省的兩個問題。他早上起床的時候，都會問，「我今天要做什麼好事？」而在他睡覺之前，他會問，「我今天做了什麼好事？」如果你能每天誠實並具體地回答這些問題，那麼你正朝著對的方向前進，對世界也會做出積極的貢獻。

無私思考的案例研究

一八八五年，一位名叫喬治的年輕人投入所有的積蓄，遠赴堪薩斯州的高地學院（Highland College）求學。自孩提時代起，接受教育就一直是他的奮鬥目標，他每天步行九英里去上學，十二歲時就離開家去上高中。

然而，在他抵達高地大學的那一天，他的希望破滅了。雖然他的入學申請已經被接受了，但是當學校官員發現他是黑人時，還是將他拒於門外。

幾年來，喬治試圖建立家園，他有栽種作物的本事，但他仍保有繼續受教育的強烈欲望，一八九〇年，他再次嘗試申請入學，被招生不分種族的辛普森學院（Simpson College）錄取。

眾所周知，喬治在藝術方面表現很出色。然而，他在一八九一年轉到愛荷華州時，將自己的專業由藝術轉成農業。為什麼呢？愛荷華州立大學農學院系主任詹姆斯・威爾遜（James

Wilson）在給喬治的一段話中回顧了原因：

> 我記得我們初次見面的時候，你說你想接受農業教育，希望能夠幫助你的種族，我從沒聽過任何學生說過這麼感動人的話。我知道你對繪畫的鑑賞力以及藝術方面的卓越成就，我問你「你為何不朝這個方向深入研究呢？」你回答我說，這對你的黑人同胞們來說並無益處，這也實在是很了不起的。[1]

喬治簡單地總結轉換研究跑道一事，他說，藝術「無法為我的同胞帶來多大益處」。[2]喬治・華盛頓・卡弗（George Washington Carver）隨後在愛荷華州獲得了農業、植物學和園藝學學位，後來也成為愛荷華州立學院的第一位非裔美國人教師。

一八九六年四月，卡弗收到了塔斯基吉學院（Tuskegee Institute）的布克・華盛頓博士（Dr. Booker T. Washington）非比尋常的邀請，到該校任教並擔任農業系主任。華盛頓說：

> 我無法提供你金錢、地位或名譽，前兩項你已經擁有，而最後一項，以你如今的地位看來，你必然會實現。現在我等於是要求你放棄這一切，我能提供你的只有——工作……

認真打拚，完成艱難的任務，使一個種族的人民脫離墮落、貧窮和荒廢，得到人性的尊嚴。你的科系目前只存在於文件中，你的實驗室必須落實在你腦海裡。[3]

卡弗大可在愛荷華州過著舒適的生活，然而他選擇放棄一切，搬到位於美國深南部的阿拉巴馬州，在此他會被人視為二等公民。

在塔斯基吉學院期間，卡弗贏得了愛迪生和亨利・福特（Henry Ford）等創新者的尊重。他的農業研究和發明改善了全國各地的農業，尤其成功地幫助了南方貧窮的黑人農民。他以有限的資源和支持辦到了這一切。

如果卡弗致力於為自己的發明申請專利或藉此建立事業，他可能早已經是個有錢人了，然而，他志不在此。

卡弗表達了自己的人生哲學：「一個人穿什麼樣的衣服、開什麼樣的車、銀行裡有多少存款，都不是重點，這一切都毫無意義。只有為人服務才是衡量成功的標準。」喬治・華盛頓・卡弗發現的不僅僅是成功，透過無私無我的思考，他發現了人生的意義。

無私思考的案例應用

思考喬治・華盛頓・卡弗的例子，回答以下的問題：

1. 什麼原因促使喬治・華盛頓・卡弗畢生致力於農業的研究？你認為他的目標值得嗎？請說明。

2. 你認為卡弗放棄藝術的決定是正確的嗎？他可能在其他領域對別人有所幫助嗎？你認為可能比農業領域有更大的貢獻嗎？如果是的話，如何做到？

3. 要你放棄自己熱愛又有天分的學習領域，轉而追求另一個你認為對其他人更有利的目標，對你來說有多困難？

4. 你最大的才能是什麼？請列舉出二到五項。其中哪一項最有可能造福他人？這種能力在你的目標、夢想和職業選擇中，發揮了什麼作用？

無私思考如何使你更加成功

比起其他任何類型的思考，無私思考往往能帶來更大的回報。看看它的一些好處：

1. 無私思考帶來個人成就感

生活中沒有什麼事比幫助別人帶來更大的成就感。查爾斯．伯爾（Charles H. Burr）相信，「獲得快樂的人通常不是接受者，而是給予者。」幫助別人會帶來極大的滿足感。當你每天無私地為他人服務時，到了晚上就可以安心躺下安然入睡，沒有什麼遺憾。

即使你一生中大部分時間都在追求私利，改變心意也為時不晚，阿佛烈．諾貝爾（Alfred Nobel）就是這麼做的。當他看到報紙上錯誤刊登了自己的訃聞（他弟弟去世了，編輯寫錯人，說他公司生產的炸藥害死了許多人），諾貝爾便立誓要促進和平，表彰對人類有貢獻之事，諾貝爾獎就是因此而誕生的。

什麼樣的無私追求能帶給你個人成就感？你如今投入多少時間、精力和資源在追求這些目標？

2. 無私思考為他人增加價值

一九〇四年，貝西．安德森．史坦利（Bessie Anderson Stanley）在*Brown Book*雜誌上對成功提出了以下的定義：

成功的人就是生活得很好、笑口常開、充滿了愛；享受女子純然的信任、聰明男子的尊重和小孩子的愛；發揮自身長才、完成任務；離開人世的時候了無遺憾。無論是因為一朵改良的罌粟、一首完美的詩，還是靈魂得到救贖；從未停止欣賞地球的美好，或吝於表達；總是看到他人最美好的一面，將自己所擁有最好的東西施予他人；生活是一種靈感；記憶是一種祝福。

當你不再以自我為中心，為他人做出貢獻時，你就開始了真正的生活。

你如何長期固定地為他人增加價值？如果你並沒有固定這麼做，不妨想想你哪一次曾經這麼做過，描述一下這個經驗。

3. 無私思考激勵其他美德

在一個人所能追求的所有特質中，無私思考似乎對於培養其他美德能發揮最大的作用。我想那是因為無私奉獻的能力太難了，與人類的天性背道而馳。但如果你能學會無私地思考，並樂於為他人給予付出，就會更容易培養出許多其他美德，像是感恩、愛、尊重、耐心、紀律等等。

你能立即採取什麼小小的行動來幫助自己培養其他美德？

4. 無私思考能提高生活品質

無私思考所衍生的慷慨精神會使人們對生活懷抱感恩之情、理解人生更高的價值。看到那些需要幫助的人，並伸出援手滿足對方的需求，這會讓我們以正確的角度看待許多事情，大大提高了施予者和受贈者的生活品質。因此，我相信：

沒有什麼比自私自利的生活更空虛了。
沒有什麼比無私無我的生活更充實了。
如果你想改善自己的人生，不妨將注意力集中在幫助別人之上。

你覺得自己目前的生活品質如何？我指的並不一定是經濟層面，而是心智上、情感上和精神上的生活品質？你覺得應該可以更好嗎？探索一下改善生活的可能性，或許你該思考如何付出更多，而不是獲得更多。

5. 無私思考使你超乎自我成就偉大之事

全球製藥企業默克藥廠（Merck and Company）一直認為，公司存在的目的不僅僅是生產產品和盈利，更渴望為人類服務。

一九八〇年代中期，該公司開發了治療河盲症（river blindness）的藥物，這是一種因感染導致數百萬人失明的疾病，特別是在開發中國家。儘管潛在客戶買不起，默克藥廠還是開發了此一藥物，甚至宣布將藥物免費贈予任何需要的人。截至一九九八年，該公司已經贈送出超過二·五億藥片。[4]

喬治·默克（George W. Merck）表示：「我們永遠不會忘記生產藥物是**為人類服務**，而不是為了利潤。**利潤隨後自然會出現**，如果我們謹記這一點的話，獲利從未失敗過。」要汲取的教訓是什麼？很簡單，與其努力成為偉大的人，不如超乎自我成就偉大之事。

你真正參與過什麼偉大無私的事業、使命或目標？有什麼能夠證明你的參與？如果你沒有答案，那麼思考一下有什麼偉大之事令你想要參與其中。為了在更高層次上有所貢獻，你需要成為你所堅信的偉大事物的一分子。

6. 無私思考創造傳奇

True North Communications公司總裁兼營運總監傑克·巴盧塞克（Jack Balousek）表示：「學習、賺錢、回報，是人生的三個階段。第一階段應該致力於接受教育，第二階段應該致力於建立事業和謀生，第三階段應該致力於回饋他人，回報一些感恩之情。每個階段似乎都在為下一個階段做準備。」

如果你事業成功，就有可能為別人留下遺產。但是，如果你想要更有成就，不妨創造傳奇。當你無私地思考、為他人奉獻時，你就有機會創造傳奇事蹟，千古留名。

你希望自己留下什麼傳奇？你希望自己的墓誌銘上寫些什麼？現在就開始考慮這個問題，永遠不嫌早。

如果你變得更善於無私思考呢？

只有在承認自己需要改進的領域，我們才有辦法改變、成長和進步。針對無私思考能力，非常誠實地自我評估，在這方面你需要改進哪些地方？如果你開始無私地思考，你的人生會有什麼變化？對於你的職業生涯、人際關係、經濟、精神，會造成什麼影響？不妨花一點時間反思，並在此記錄下你的想法。

如何成為無私思考者

我認為大多數人都明白了無私思考的價值，甚至也會同意這是自己想培養的一種能力。然而，許多人並不知道該如何改變自己的思考方式。想要開始培養無私思考的能力，我建議你做到下列幾點：

1. 總是把別人放在第一位

這個過程開始於體認到不要凡事都只先想到自己！那需要的是謙遜之心和轉移焦點。在《道德管理的力量》（*The Power of Ethical Management*）一書中，肯・布蘭查德（Ken Blanchard）和諾曼・文森特・皮爾（Norman Vincent Peale）寫道：「謙遜之人不會低估自己……他們只是鮮少只考慮自己。」

如果你想要思想不再自私自利，就需要停止思考自身的需求，多多關注別人的需求。使徒保羅告誡說：「做任何事不要出於自私的野心或虛榮自負，而要存著謙卑之心，把別人看得比自己重要。你們每個人不能只關心自己的利益，還要關心別人的利益。」[5]不妨在精神上和情感上承諾自己要多多為他人著想。

2. 多多接觸需要幫助的人

相信自己願意無私奉獻是一回事，真正做到又是另一回事。為了實現這種轉變，你需要讓自己多多接觸需要幫助的人，並確實採取行動。

剛開始，你付出的是什麼並不重要，你可以為教會服務、捐贈食物銀行、主動提供專業服務或捐款給慈善組織。重點是要學會給予，培養一個施予者的思考習慣。

3. 默默地給予付出

能夠得到眾人認可的付出，幾乎總是比默默付出更為容易。然而，那些為了大肆宣傳名聲而付出的人，已經得到任何應有的回報。只有那些匿名給予、默默付出的人，才能得到精神上、心靈上和情感上的回報。如果你以前不曾這麼做過，不妨試試。

4. 刻意投資他人

如果你想成為別人的投資者，那麼考慮一下對方及其歷程，以便與之合作。當你在建立任何人際關係時，想一想你該如何投資在對方身上，成為雙贏的局面。以下是人際關係最常發生的情況：

我贏，你輸——我只贏了一次
你贏，我輸——你只贏了一次
我們雙方都贏——我們都贏了很多次
我們雙方都輸——再見，結束合夥關係！

最好的人際關係是雙贏的。為什麼很多人都不會抱著這種態度去發展人際關係呢？告訴你吧，正是因為大多數人都想確保自己先贏。反之，無私思考者在發展人際關係時，是確保**對方先贏**，最大的差別就在這裡。

5. 不斷反省自己的動機

法蘭索瓦．德．拉羅希福可（François de la Rochefoucauld）說：「表面上的慷慨往往只不過是偽裝的野心，忽略一點小利益，以求確保更大的利益。」對大多數人來說，最困難之事就是掙扎於對抗凡事先為自己著想的天性。正因如此，不斷檢視自己的動機是很重要的，確認自己沒有再陷入自私心態。

無私思考行動計畫

1. **設定無私的目標：**你有多少目標是無私的？又有多少是完全關注他人的？想想你能做些什麼幫助別人但對自己毫無益處的事（除了得到內在滿足感之外）。設下今年的捐款金額、決定你每週或每個月要花多少時間為他人服務。找一些你相信透過你的幫助可以成功之事，不一定要由你親自操作，只是在有需要你的地方從旁協助。如果你設定了無私的目標，並想要找出實現方法，就會開始更加無私地思考。

2. **盡全力的付出：**對人的投資最終會帶來最大的回報，因為能夠改變人生。想一想你有什麼長處可以投資在別人身上。你有什麼技能可以讓別人從學習中受益？你有過哪些生活經歷可以幫助別人？你擁有哪些資源可以與人共享？一旦你明白自己能夠付出什麼，那麼就去找那些有潛力又很樂意接受的人，開始投注你的心力吧。

3. **為你的協議製造雙贏：**下次你提出交易時不妨考慮雙贏。如果你和對方都不能從中受益，那就不要繼續進行。一旦你確定這對雙方都有好處，不妨致力於確保讓對方先贏。

4. **默默付出：**找出你堅信的一件事，為此默默付出，不欲人知（若你已婚，除了你的配偶之外）。然後一再重覆，讓此事變成固定的習慣，你最終會訝異於自己態度的轉變。

無私思考練習

從今天開始，連續七天，寫下以下問題的答案。

第一天

早上：「我今天要做什麼好事？」

晚上：「我今天做了什麼好事？」

第二天

早上：「我今天要做什麼好事？」

晚上：「我今天做了什麼好事？」

第三天

早上：「我今天要做什麼好事？」

晚上：「我今天做了什麼好事？」

第四天

早上：「我今天要做什麼好事？」

晚上：「我今天做了什麼好事？」

第五天

早上：「我今天要做什麼好事？」

晚上：「我今天做了什麼好事？」

第六天

早上：「我今天要做什麼好事？」

晚上：「我今天做了什麼好事？」

第七天

早上：「我今天要做什麼好事？」

晚上：「我今天做了什麼好事？」

1. 跟自私的人相處是什麼感覺？跟無私的人呢？每種人都會引起你什麼樣的反應？
2. 誰是你所見過最無私的人？請描述一下此人。
3. 描述一個你參與過的雙贏局面或交易。是誰發起的？你剛開始的時候是否預期這對雙方都有利呢？結果是什麼？
4. 你認為簽訂一項保證對方或一方先贏的協定有多大風險？你會對此猶豫嗎？請說明。
5. 你會做哪些事來遏制自己可能有的自私天性？這些辦法成效如何？
6. 當你發現自己身邊有需要幫助的人時有什麼感覺？你通常如何回應？如果可以選擇，你希望自己怎麼回應？怎麼樣才能讓你按照自己的心意去做呢？
7. 你相信什麼超乎自我的偉大願景、事業、召喚或目標？你要如何行動或付出以推動此事？為什麼？
8. 你定期投資在誰身上？你和此人進行什麼事？這對他有什麼幫助？這是你會想多做一點的事嗎？如果是的話，你要怎麼樣才能多做一點呢？

11

依賴底限思考

這裡不受規則限制，我們正在努力完成一件大事。
——湯瑪斯·愛迪生（Thomas Edison）

你如何確定你的組織、事業、部門、團隊或小組的底限？在許多企業中，底限真的就是底限：利潤決定你成功與否。然而，不該總是用金錢做為衡量成功的首要標準。你會用月薪或年終賺了多少錢來衡量家人最終是否成功嗎？如果你經營一個非營利組織或志願者組織，該怎麼知道你是否發揮了最大的潛力？在那種情況下，你認為底限究竟是什麼？

如果你習慣只考慮與財務相關的底限，那麼你可能會錯過一些對你個人和組織十分重要的事情。反之，不妨將底限看作是終點、收穫和期望的結果。每項活動都有其獨特的底限，如果你有工作，你的職務有其底限；如果你在教會服事，你的活動有其底限；如果身為父母或配偶，你的努力也有底限。

如果你從事一些活動，卻從來沒有先確定預期底限為何，你就很有可能正在進行得不到成就感或沒有任何意義的活動。

底限思考的案例研究

一九七六年，法蘭西絲．海瑟爾賓（Frances Hesselbein）接任美國女童軍的國家執行總監，她不得不問自己一些底限問題。當她第一次參與女童軍事務時，管理這個組織是她從未想過的事。她和丈夫約翰是海瑟爾賓工作室的合夥人，這是一家小型家族企業，拍攝電視廣告和宣傳影片，她寫劇本，他拍攝成影片。一九五〇年代初，她被賓州約翰斯頓第二長老會教堂（Second Presbyterian Church in Johnstown）招募為志願女童軍團長。那是不尋常的事，因為她只有一個兒子，沒有女兒，但她同意暫時接下這個任務。她想必是很喜歡這份工作，因為她領導了這個團隊九年之久！

後來，她成為理事會主席和國家董事會成員，隨後又擔任塔盧斯磐石女童軍理事會（Talus Rock Girl Scout Council）的執行董事，這是一個全職帶薪的職位。一直到她接任女童軍國家組織的執行總監時，遇到了困境。這個組織缺乏方向，少女對擔任童子軍失去興趣，也越來越難招募到成年志願者，尤其是更多女性加入就業行列之後。同時，男童子軍正在考慮開放女孩加入，海瑟爾賓迫切需要讓組織回歸預期底限。

「我們一直在問自己一些非常簡單的問題，」她說，「我們的志業是什麼？我們的客戶是誰？客戶重視的價值是什麼？不管你是女童子軍、IBM 或 AT&T，都必須為一個使命而努力。」[1] 海瑟爾賓對於使命的專注，使她能夠找出女童軍組織的底限：「我們存在的真正原因只有一個：幫助女孩子發揮她的最大潛能，這比任何事都重要，也會造成不同結果。因為，當你清楚自己的使命時，公司目標和經營方針自然就會由此產生。」[2] 一旦她找到自己的底限目標之後，就能夠制定一套策略來實現。她首先開始重組工作人員，然後，建立一個規畫系統，供三百五十個地區委員會使用，同時也引進了組織的管理培訓。

海瑟爾賓並沒有局限於改變領導方式和組織結構。在一九六〇和一九七〇年代，這個國家有所改變，女孩子們也有所改變，但女童子軍卻一成不變，海瑟爾賓也處理了此一問題，讓組織的活動更符合當前的文化，例如，提供更多使用電腦的機會，而不是舉辦聚會。她還尋求少數族群的參與、製作雙語資料，並接觸低收入家庭。如果幫助女孩發揮最大潛能是這個組織的底限目標，何不更積極地幫助傳統而言比較弱勢的那些女孩呢？這個策略效果很好，少數族群加入女童子軍的人數增加了兩倍。

一九九〇年，海瑟爾賓在使女童軍成為一流組織之後卸任。她後來成為彼得．德魯克非營利管理基金會（Peter F. Drucker Foundation for Nonprofit Management）創始總裁兼執行長，如今擔任董事會會長。一九九八年，她被授予總統自由勳章。柯林頓總統在白宮頒獎典禮上談到海瑟爾賓時說：「她與無數的組織分享了自己非凡的包容與卓越祕訣，這些組織的底限目標並不是以金錢來衡量，而是改變了無數的人生。」[3] 他說得再好不過了！

底限思考的案例應用

在回顧了法蘭西絲．海瑟爾賓的事蹟之後，請思考下列問題：

1. 你認為法蘭西絲．海瑟爾賓在接管組織時，要確定女童軍的底限目標有多困難？請說明。

2. 女童軍是一個非營利組織，你認為要確定非營利組織的底限目標，比起營利組織的更容易還是更困難？為什麼？

3. 底限思考如何影響女童軍組織？如果沒有優秀的底限思考者來領導這個組織，你認為它最終結果會是如何？

4. 領導者應該如何平衡企業的目標和利潤？

底限思考如何使你更加成功

你在探索底限思考的概念時，要知道它在許多方面對你有所幫助：

1. 底限思考提供了明確的清晰度

打保齡球和工作有什麼不同？打保齡球時，只需三秒鐘就能知道你打得怎麼樣！這就是大家這麼熱愛體育運動的原因之一，不需要等待和猜測就能知道結果。

底限思考能夠讓你更快、更容易衡量結果，它提供了衡量活動的基準，可以讓你集中注意力，確保所有的小活動都有其目的，等著實現一個更大的目標。

你在工作的時候，有經常思考更大的目標嗎？還是通常只專注於手頭的任務？你能做些什麼來牢記底限目標呢？

---

2. 底限思考有助於你評估各種情況

當你明白自己的底限在哪裡時，就更容易知道自己在某領域的表現如何。例如，當法蘭西絲・海瑟爾賓開始管理女童軍組織時，她都是根據幫助女孩發揮最大潛力的這個底限目標，來衡量一切，從改變組織管理結構（等級制度轉變為中心制），乃至於女孩們可以贏得什麼徽章。沒有比底限思考更好的衡量工具了。

你如何衡量自己的職業表現成果？你的老闆是否採用和你一樣的標準？你的組織呢？如果這三者之間標準不一致，你可能會發現很難成功。

---

3. 底限思考有助於你做出最佳決策

當你知道自己的底限在哪裡時，做決定就容易多了。一九七〇年代，女童軍組織陷入困境時，外部組織試圖說服其成員變成女權運動擁護者或挨家挨戶遊說者。但是在海瑟爾賓的領導下，女童軍可以輕易拒絕這些要求，因為他們知道自己的底限在哪，希望專注和熱情地追求自己的目標。

在你的職業生涯中，你用什麼標準來做決定？對於你的家人呢？你的精神生活呢？針對你的財務呢？

---

4. 底限思考提升高昂的士氣

當你知道底限目標在哪，並努力去達成，就大大增加了獲勝的機率，沒有什麼比勝利更能激發高昂的士氣了。你會如何描述贏得冠軍的運動隊伍、實現目標的公司部門、或達成使命的志願者呢？他們都很激昂，擊中目標的感覺特別振奮人心。只有當你知道目標何在，才有可能達成目標。

什麼會引發你在專業上的振奮？

5. 底限思考確保你未來的發展

如果你未來想要成功，現在就需要思考你的底限目標。法蘭西絲．海瑟爾賓就是這麼做，因而使女童軍組織扭轉逆境。看看任何一家歷久不衰的公司，你會發現他們的領導者都是知道公司底限目標的人。他們做決定、分配資源、聘雇員工、調整組織結構以達成最終目標。

你所有的專業努力都符合你的底限目標嗎？如果沒有，哪裡會產生偏差呢？你能做些什麼讓一切回歸正軌？

如果你變得更善於底限思考呢？

只有在承認自己需要改進的領域，我們才有辦法改變、成長和進步。針對底限思考能力，非常誠實地自我評估，在這方面你需要改進哪些地方？如果你能夠開始以注重底限目標的方式思考，你的人生會有什麼變化？對於你的職業生涯、人際關係、經濟、精神，會造成什麼影響？不妨花一點時間反思，並在此記錄下你的想法。

如何成為底限思考者

我認為不難看出底限目標的價值，大多數人都會認同底限思考能帶來巨大的好處。但是學習如何成為底限思考者深具挑戰性。

以下一些技巧對你成為底限思考者會有所幫助：

1. 確定真正的底限目標

底限思考的程序始於釐清你真正想要的是什麼，可以像是一個組織的宏觀願景、使命或宗旨那麼崇高，或者像是你想專心完成的特定計畫，最重要的是要盡可能具體。如果你的目標是像「成功」這樣含糊不清，那就會很難利用底限思考來實現。

第一步是把個人的「欲望」放在一邊，專注於你真正想要得到的結果，真正的核心目標。拋開任何可能影響你判斷力的情緒，消除任何可能影響你感知的政治因素。你到底想要實現什麼？當你將一切無關緊要之事都清除之後，你最想實現的是什麼？必須有什麼成果？什麼結果才是可接受的？這才是真正的底限目標。

2. 把底限目標做為重點

你可曾和一個心口不一的人交談過？有時這種情況反映了刻意欺騙，然而，當一個人不清楚自己的底限目標時，也會發生這種情況。

同樣的事也會發生在公司裡。例如，有時候理想化的使命和真正的底限目標並不一致，目的和利潤相互競爭。我在前文引述了喬治．默克的話：「我們永遠不會忘記生產藥物是為人類服務，而不是為了利潤。利潤隨後自然會出現，如果我們謹記這一點的話，獲利從未失敗過。」他這樣說可能是為了提醒公司的員工，利潤要為目的服務，而不是與之競爭。

如果盈利才是真正的底限，而幫助別人只不過是實現盈利的手段，公司就會遭受損失，它的注意力將被分散，既不能好好幫助人們，也不能獲得所期望的巨大利潤。

3. 制定策略計畫以實現底限目標

一旦確定了底限目標，就必須制定策略計畫來實現。在組織當中，這通常代表確定核心要素或職能，一切都得正確運作才能達成目標。這是領導者的責任。

重要的是，當每項活動的目標達成時，等於是完成了底限目標。如果這些小目標加起來並沒有達到真正的底限，那就代表不是你的策略有問題，就是你並沒有找到真正的底限目標。

4. 使團隊成員認同底限目標

一旦制定了策略計畫，確保你的員工能夠與之配合。理想情況下，所有團隊成員都應該知道總目標是什麼，以及每個人實現此一目標的個別任務。大家都需要知道個人底限所在，以及如何達成組織的終極目標。

5. 堅持一套系統，持續追蹤結果

我的朋友大衛．蘇德蘭（Dave Sutherland）認為，有些組織會因為試圖混合不同系統而陷入麻煩。他相信許多系統都可以成功，但混合或不斷轉換系統會導致失敗。大衛說道：

底限思考不能是一次性的，而是必須納入在工作、建立關聯、實現的系統中。你不能時不時調整你想要的結果。用底限思考達成目標是必然的生活方式，否則會傳遞出相互衝突的資訊。我是一個底限思考者，這就是我的成就「系統」的一部分。我每天都練習，沒有其他衡量方式，也不會白費功夫。

大衛每晚都會打電話給團隊成員追蹤進展，他不斷關注公司每一個核心領域的底限。

底限思考行動計畫

1. 定義底限目標：你對自己的底限了解多少？你知道你目前為什麼做這份工作嗎？你清楚你在家庭生活中想要完成什麼嗎？如果有人問起，你能明確說出自己的人生目的嗎？如果知道自己的目標，你的生活會更充實，思考也會更有成效。針對以下各領域進行一些思考，然後試著簡單寫下你的底限是什麼（你或許會想增加一些未列出的領域）。

職業：

婚姻：

親子教育：

娛樂：

服務：

精神生活：

目的：

如果你對所有問題都不是很清楚，也不必感到難過，大多數人都花了好幾年才弄清楚的，這個練習只是一個起點。

2. 盡可能協調生活各個領域：協調生活中各個領域會有強大的力量。至少，所有底限原則不能互相矛盾。如果各個領域能夠努力實現共同的、相容的目標，那就更好了。檢視你在前一個練習中所寫的內容，尋找衝突或矛盾之處，盡你所能調和一切。然後按照重要性排列，如此一來，你就會明白你生命中的優先順序。

3. 將底限目標融入你的思維：一旦你確認了生活各個領域的底限之後，就需要將這些接觸點融入你的思維中。把它們寫下來，放在你進行這些領域之事時能夠看到的地方，藉此過濾一切的行動。不斷地問自己，「我所做之事是否有益於這個領域的底限目標？還是一點都不重要？」你應該立下目標清除生活中那些沒有意義的事。

4. 調整你的團隊：如果你正領導著一個團隊、部門或組織，你有責任向員工表明底限所在，並促使他們努力實現目標。改變結構、組織、提高動機、職務說明、預算等，讓每一件事和每一個人都認同底限目標，並且持續與團隊成員溝通願景、追蹤檢查目標是否一致，以確保眾人齊一心志。

底限思考練習

你是否曾在工作中遇到過底限目標不明確的情況？請說明。

這如何影響到具體任務的完成？

領導者能採取什麼不同的作法來釐清底限目標？

底限思考問題討論

1. 對你來說，底限思考的概念似乎是更務實還是更理想化？
2. 你認為盈利能力是值得企業關注的底限目標嗎？還是覺得最好將利潤看作是更具哲理的底限所產生的結果？為什麼？
3. 關注底限目標和創造工作環境如何相互影響？他們是彼此相輔相成，還是經常相互矛盾？請說明。
4. 你工作的地方有明確的底限目標嗎？如果有，是什麼呢？那個明確的底限目標是否與你所觀察到的組織價值觀、結構和領導能力一致呢？請說明。
5. 你的組織用什麼做為評鑑？此舉所鼓勵的方向是正確的嗎？你能想出更好的方法嗎？
6. 你比較像是實用主義者還是理想主義者？你的個性對於底限思考造成什麼影響？你希望如何改進？
7. 你的生活當中，在哪方面最常運用底限思考？在哪方面最少運用？若在那方面多加運用，對你可能會有什麼幫助？
8. 你是否為自己找到了個人的底限——人生的首要目標？若是的話，那是什麼？對你有什麼幫助？

附註

前言

1 Jim Collins and Jerry I. Porras, *Built to Last: Successful Habits of Visionary Companies* (New York: HarperBusiness, 1994), 213.

2 | 投入專注思考

1 JAnnette Moser-Wellman, *The Five Faces of Genius: The Skills to Master Ideas at Work* (New York: Viking, 2001), 111.

2 Al ries, *Focus: The Future of Your Company Depends on It* (New York: HarperBusiness, 1996), 1.

3 M. Scott Peck, *The Road Less Traveled* (New York: Simon and Schuster, 1978), 27–28.

3 | 利用創意思考

1 Moser-Wellman, *Five Faces of Genius,* 9. (Italics in the original.)

2 Cheryl Dahle, "Mind Games," *Fast Company,* January–February 2000, 170.

3 Ernie J. Zelinski, *The Joy of Not Knowing It All: Profiting from Creativity at Work or Play* (Chicago: VIP Books, 1994), 7.

4 | 採用現實思考

1 Chris Palochko, "Security a Huge Issue at Super Bowl," February 2, 2002, http://sports.yahoo.com/nfl/news (article no longer available).

2 James Allen, *As a Man Thinketh, in The Wisdom of James Allen* (San Diego: Laurel Creek Press, 1997).

5 運用戰略思考

1 Terry Ryan, *The Prize Winner of Defiance, Ohio: How My Mother Raised 10 Kids on 25 Words or Less* (New York: Touchstone, 2001), 25. (Italics in the original.)

2 同上，92. (Italics in the original.)

3 Bobb Biehl, *Masterplanning: A Complete Guide for Building a Strategic Plan for Your Business, Church, or Organization* (Nashville: Broadman and Holman, 1997), 10.

6 探索可能性思考

1 Thomas G. Smith, *Industrial Light & Magic: The Art of Special Effects* (New York: Ballantine Books, 1986), 9–10.

2 Chris Salewicz, *George Lucas* (New York: Thunders' Mouth Press, 1998), 105.

3 Richard Corliss, "Ready, Set, Glow!" *Time,* April 26, 1999.

4 Salewicz, *George Lucas,* 113.

5 Sally kline, ed., *George Lucas: Interviews* (Jackson: University Press of Mississippi, 1999), 96.

6 "Leadership Lessons: An Interview with Don Soderquist," Willow Creek Association.

7 從反省思考中學習

1 Mark Twain, *Following the Equator* (Hopewell, NJ: Ecco Press, 1996), 96.

8 質疑從眾思考

1 Alice Park, "Heart Mender," *Time,* August 20, 2001, 36.

2 Benno Müller-Hill, "Science, Truth, and Other Values," *Quarterly Review of Biology* 68, no. 3 (September 1993), 399–407.

9 | 從共同思考中獲益

1 Pat Summitt with Sally Jenkins, *Reach for the Summit* (New York: Broadway Books, 1998), 258.

2 同上，69.

3 Jeffrey J. Fox, *How to Become CEO: The Rules for Rising to the Top of Any Organization* (New York: Hyperion, 1998), 115.

10 | 練習無私思考

1 Peter Duncan Burchard, "George Washington Carver in Iowa: Preparation for Life Serving Humanity," *Cedar Rapids (IA) Gazette,* February 14, 1999, http://www.gazetteonline.com (article no longer available).

2 "George Washington Carver," April 27, 2002, http://web.mit.edu/ invent/iow/carver.html (accessed December 15, 2010).

3 "George Washington Carver," February 23, 2002, http://www.biography.com (article no longer available).

4 Merck, "Mectizan Program removes Darkness from an Ancient Disease," *Corporate Philanthropy Report,* April 27, 2002, http:// www.merck.com (no longer available).

5 Philippians 2:3–4 (New International Version).

11 | 依賴底限思考

1 John A. Byrne, "Profiting from the Non-profits," *BusinessWeek,* March 26, 1990, 70.

2 同上，72.

3 "Hesselbein Wins Presidential Medal of Freedom," December 19, 2001, http://www.drucker.org.

與成功連結［全球暢銷經典］

作者	約翰・麥斯威爾 John C. Maxwell
譯者	何玉方
商周集團執行長	郭奕伶
視覺顧問	陳栩椿
商業周刊出版部	
總監	林雲
責任編輯	黃郡怡
封面設計	copy
內文排版	洪玉玲
出版發行	城邦文化事業股份有限公司 商業周刊
地址	04 台北市中山區民生東路二段 141 號 4 樓 電話：(02)2505-6789　傳真：(02)2503-6399
讀者服務專線	(02)2510-8888
商周集團網站服務信箱	mailbox@bwnet.com.tw
劃撥帳號	50003033
戶名	英屬蓋曼群島商家庭傳媒股份有限公司城邦分公司
網站	www.businessweekly.com.tw
香港發行所	城邦（香港）出版集團有限公司 香港灣仔駱克道 193 號東超商業中心 1 樓 電話：(852) 2508-6231　傳真：(852) 2578-9337 E-mail：hkcite@biznetvigator.com
製版印刷	中原造像股份有限公司
總經銷	聯合發行股份有限公司 電話：(02) 2917-8022
初版 1 刷	2022 年 6 月
定價	360 元
ISBN	978-626-7099-50-6（平裝）
EISBN	9786267099551（EPUB）／ 9786267099544（PDF）

How successful people think workbook
Copyright © 2011 by John C. Maxwell
Complex Chinese Translation copyright © 2022 by Business Weekly, a Division of Cite Publishing Ltd.
This edition published by arrangement with Center Street, New York, New York, USA.
Through Bardon-Chinese Media Agency
博達著作權代理有限公司
ALL RIGHTS RESERVED

版權所有・翻印必究
Printed in Taiwan（本書如有缺頁、破損或裝訂錯誤，請寄回更換）
商標聲明：本書所提及之各項產品，其權利屬各該公司所有。

國家圖書館出版品預行編目(CIP)資料

與成功連結〔全球暢銷經典〕/約翰・麥斯威爾(John C. Maxwell)著
; 何玉方譯. -- 初版. -- 臺北市 : 城邦文化事業股份有限公司商業周刊,
2022.06
272面 ; 14.8*21公分
譯自 : How successful people think workbook
ISBN 978-626-7099-50-6(平裝)

1.CST: 職場成功法 2.CST: 思維方法 3.CST: 思考

494.35　　111007047

藍學堂

學習・奇趣・輕鬆讀